应用型本科 机械类专业"十三五"规划教材

数控加工工艺核心能力训练

主　编　张　飞

副主编　万金贵

参　编　贾立新　李　颖

主　审　何亚飞

西安电子科技大学出版社

内 容 简 介

　　本书依照目前的模块化教育模式编写。全书共分 5 个模块，分别是数控车削加工工艺、数控铣削加工工艺、数控加工中心加工工艺、数控电火花成形加工工艺、数控电火花线切割加工工艺。本书编写的指导思想是以典型和实用为原则，结合具体实例，尽量减少枯燥难懂的文字叙述，以大量的图片和表格等简单易懂的方式来介绍各个模块的内容，让读者比较容易接受。

　　本书适用于普通高等院校机械类、近机类各专业的数控加工工艺的教学和实习，也可供从事数控方面工作的工程技术人员参考。

图书在版编目(CIP)数据

　　数控加工工艺核心能力训练/张飞主编. —西安：西安电子科技大学出版社，2018.3
　　ISBN 978–7–5606–4793–7

　　Ⅰ. ① 数…　Ⅱ. ① 张…　Ⅲ. ① 数控机床—加工—高等学校—教材　Ⅳ. ① TG659

中国版本图书馆 CIP 数据核字(2018)第 015924 号

策　　划　马晓娟
责任编辑　马晓娟
出版发行　西安电子科技大学出版社(西安市太白南路 2 号)
电　　话　(029)88242885　88201467　　邮　编　710071
网　　址　www.xduph.com　　电子邮箱　xdupfxb001@163.com
经　　销　新华书店
印刷单位　陕西华沐印刷科技有限责任公司
版　　次　2018 年 3 月第 1 版　　2018 年 3 月第 1 次印刷
开　　本　787 毫米×1092 毫米　1/16　印 张　15
字　　数　356 千字
印　　数　1～3000 册
定　　价　34.00 元

ISBN 978–7–5606–4793–7/TG

XDUP 5095001–1

前　言

"数控加工工艺"作为机械类专业的一门专业课程，实践性和专业性都非常强，然而市场上的同类教材大多理论性非常强，具体的工艺过程陈述却简单且较难理解。本书根据企业数控技术岗位的核心技能要求编写，同时借鉴了德国职业教育教材的优点。全书共分5个模块，分别是数控车削加工工艺、数控铣削加工工艺、数控加工中心加工工艺、数控电火花成形加工工艺、数控电火花线切割加工工艺，每个模块都包含至少6个具有代表性的项目实例，每个实例都通过具体的项目任务书、加工工艺分析、加工设备选择、加工工艺制定、编程与仿真(加工过程)、评分标准等内容进行展开。

本书编写的指导思想是以典型和实用为原则，结合具体实例，尽量减少枯燥难懂的文字叙述，重在实用性，强调理论与实际的密切结合，教材内容也主要以大量的具体案例形式展现，文字少、图片多，形象生动，容易理解，让读者比较容易接受。

本书的编写具有以下特点：

(1) 内容图文并茂，形象直观，通俗易懂，尽量简化理论知识点，通过具体的实例来介绍必备的专业知识。

(2) 每个模块的项目训练内容均由浅入深，并兼顾到各类零件的不同，有很强的针对性和实用性，理论结合实际。

(3) 每个项目的工艺内容，每一步都有具体的刀轨仿真效果图，让读者非常容易理解和接受。

(4) 重点突出，文字简练。

本书由上海第二工业大学的张飞等编写。参与编写的人员及分工为：张飞编写了模块三；万金贵编写了模块二；贾立新编写了模块四、模块五；李颖编写了模块一。

本书由张飞担任主编，并负责全书统稿；上海第二工业大学何亚飞教授担任主审。在编写过程中，还得到了蔡驰兰、蔡捷、朱弘峰、高琪等老师的大力帮助，在此一并表示感谢！

由于编者的水平和经验有限，书中可能会存在一些不妥之处，恳请同行和读者批评指正。

编　者

2017 年 11 月

目　录

模块一　　数控车削加工工艺

学习目的：了解数控车削加工的特点及主要加工对象，掌握数控车削加工中的工艺处理；通过典型零件的加工，掌握数控车削加工的基本加工工艺，并能够按照零件图纸的技术要求，编制合理的数控加工工艺。

1.1　概　　述

数控车床是具有广泛的通用性和较大灵活性的高度自动化车床，主要用于加工轴类、盘类、套类等回转体零件。

1.1.1　数控车削加工的主要对象

1. 精度要求高的零件

数控车床刚性好，制造和对刀精度高，能方便和精确地进行人工补偿甚至自动补偿，零件尺寸精度可达 0.1～0.01 mm。此外，因数控车床的刀具运动是通过高精度插补运算和伺服驱动来实现的，因此也能加工形状精度要求高的零件。

2. 表面粗糙度要求高的零件

零件的表面粗糙度取决于车削时的进给速度和切削速度，数控车床具有恒线速度切削功能，因而可选用最佳线速度来切削，这样就可使零件表面粗糙度 Ra 小且均匀，可达 0.4～0.8 μm。

3. 表面形状复杂的零件

数控车床有圆弧插补功能，能加工圆弧轮廓，还可加工方程曲线和列表曲线。

4. 带有特殊螺纹的零件

数控车床可加工任何等导程的直、锥面螺纹，增导程、减导程以及要求等导程与变导程之间平滑过渡的螺纹，还可车出高精度的模数和端面螺纹等。

5. 超精密、超低表面粗糙度值的零件

数据车床超精加工的轮廓精度可达到 0.1 μm，表面粗糙度 Ra 可达 0.02 μm。

1.1.2　数控车削加工方案

在数控车床上加工零件，应按工序集中的原则划分工序，在一次安装下尽可能完成大部分甚至全部表面的加工。根据零件结构形状的不同，工件的定位基准通常选择外圆、端面和内孔，并力求设计基准、定位基准和编程原点统一。

制定车削加工方案的一般原则是：先粗后精，先近后远，先内后外，程序段最少，走刀路线最短。

1.1.3 数控车削加工路线的确定

确定走刀路线的工作重点，主要在于确定粗加工及空行程的走刀路线，因为精加工车削过程的走刀路线基本上都是沿零件轮廓顺序进行的。

1.1.4 数控车削用量的选择

1. 背吃刀量 a_p 的确定

粗车时，在机床功率允许、工件刚度足够的情况下，应尽可能取较大的背吃刀量，a_p 常取 1～3 mm；精车时，要保证工件达到图样规定的加工精度和表面粗糙度，应选用较小的背吃刀量，a_p 常取 0.1～0.5 mm。

2. 进给量 f 的确定

在保证工件加工质量的前提下，粗车可选择较高的进给速度，一般取 0.3～0.8 mm/r。在切断、车削深孔或精车时，应选择较低的进给速度，精车取 0.1～0.3 mm/r，切断取 0.05～0.2 mm/r。

3. 切削速度 v_c 与主轴转速 n 的确定

切削速度 v_c 可查表选取，还可根据实践经验确定。切削速度确定后，再计算主轴的转速 n(r/min)。

1.2 经典实例介绍

1.2.1 模具心轴零件的数控加工工艺

一、项目任务书

(1) 根据二维零件图，如图 1-1 所示，编写加工模具心轴零件的数控加工工艺文件。

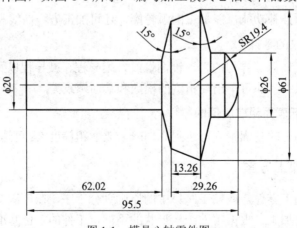

图 1-1 模具心轴零件图

(2) 使用数控仿真系统对所编写的程序进行验证，加工出图纸所要求的轴类零件，并在尺寸精度要求较高的部位进行测量。

(3) 该零件的材料为 45 钢。

二、加工工艺分析

该零件为轴类零件，径向尺寸公差为 ±0.01，有关角度公差为 ±0.1°，适合数控加工。零件毛坯尺寸：ϕ66 mm × 100 mm。

三、加工设备选择

根据被加工零件的外形和材料等特点，可选用数控车床 CK6140，数控系统为 FANUC。

最大车削直径(mm)	400
最大工件高度(mm)	750
电机功率(kW)	4
主轴转速范围	90-450-1800　无级变速
刀库容量	4(6)
主轴内孔直径(mm)	52
X 轴进给范围(mm/min)	3000
Z 轴进给范围(mm/min)	6000
X 轴行程(mm)	300
Z 轴行程(mm)	680
机床重量(kg)	2200

四、加工工艺制定

1. 选择工件的装夹方式

采用三爪自定心卡盘装夹。调头加工时，由于 ϕ20 mm 轴较细，故采用一夹一顶的方法装夹。

2. 选择加工方法

本零件结构较为简单，各处加工余量不均匀，为提高加工效率，采用数控循环功能进行分部分和分层切削。精车外圆锥面和球面时，要用刀尖的半径补偿。

该零件加工方案如下：粗车端面和外圆柱面→调头，粗车 ϕ20 mm 外圆→粗车 15° 锥面→精车 ϕ20 mm 外圆和 15° 锥面→调头，粗车 ϕ26 mm 外圆→粗车 15° 锥面→精车 ϕ26 mm 外圆和 15° 锥面→粗、精车球头面→粗、精车倒锥面。

3. 选择切削用量

根据被加工表面质量要求、刀具材料和工件材料，参考切削用量手册或有关资料选取切削速度与每转进给量，然后利用公式 $v_c = \pi D n / 1000$，$v_f = fn$，计算主轴转速与进给速度(计算过程略)，计算结果填入表 1-1 中。后面各零件的切削用量的计算方法均如此。

4. 确定加工顺序

该零件加工顺序如表 1-1 所示。

表 1-1　数控加工工序卡片

零件名称			模具心轴零件				
组员姓名							
材料牌号	45 钢	毛坯种类	棒料		毛坯外形尺寸		φ66 mm×100 mm
序号	工步内容		刀号	刀具规格	主轴转速/(r/min)	进给速度/(mm/min)	背吃刀量/mm	备注
1	粗车端面和外圆柱面		T01	93°	500	80	1	
2	调头，粗车端面		T02	45°	500	80	1	
3	钻中心孔		T03	φ5	900			
4	一夹一顶，粗车φ20 mm 外圆		T01	93°	500	80	1	
5	粗车 15° 锥面		T01	93°	500	80	0.6	
6	精车φ20 mm 外圆和 15° 锥面		T01	93°	800	40	0.2	
7	调头，粗车φ26 mm 外圆		T01	93°	500	80	1	
8	粗车 15° 锥面		T01	93°	500	80	0.6	
9	精车φ26 mm 外圆和 15° 锥面		T01	93°	800	40	0.2	
10	粗车球头面		T01	93°	400	60	0.5	
11	精车球头面		T01	93°	800	30	0.2	
12	粗车倒锥面		T04	93°	400	80	0.8	
13	精车倒锥面		T04	93°	800	50	0.2	
编制		审核		编制日期		指导老师		

5. 选择刀具

刀具的选择见表 1-2。

表 1-2　数控加工刀具卡片

模具心轴零件				
序号	刀具编号	刀具规格、名称	数量	备注
1	T01	93° 硬质合金面右偏车刀	1	
2	T02	45° 硬质合金面车刀	1	
3	T03	φ5 mm 中心钻	1	
4	T04	93° 硬质合金面左偏车刀	1	
编制		审核	编制日期	指导老师

五、编程与仿真

(1) 粗车端面和外圆柱面，如图 1-2 所示。

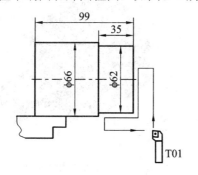

(a) 刀具与仿真走刀路线

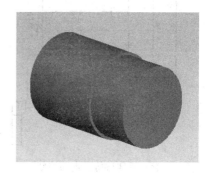

(b) 仿真加工效果

图 1-2　粗车端面及外圆柱面

(2) 调头，粗车端面，如图 1-3 所示。

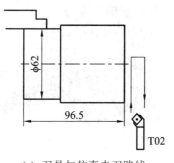

(a) 刀具与仿真走刀路线

(b) 仿真加工效果

图 1-3　粗车端面

(3) 钻中心孔，如图 1-4 所示。

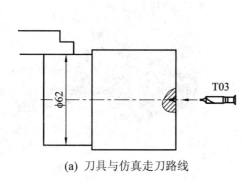

(a) 刀具与仿真走刀路线

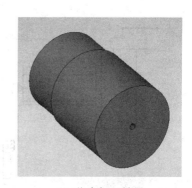

(b) 仿真加工效果

图 1-4　钻中心孔

(4) 粗车φ20 mm 外圆，如图 1-5 所示。

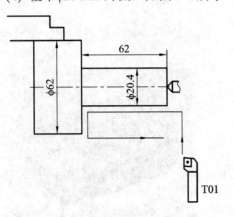

(a) 刀具与仿真走刀路线

(b) 仿真加工效果

图 1-5　粗车φ20 mm 外圆

(5) 粗车 15° 锥面，如图 1-6 所示。

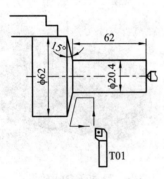

(a) 刀具与仿真走刀路线

(b) 仿真加工效果

图 1-6　粗车 15° 锥面

(6) 精车φ20 mm 外圆和 15° 锥面，如图 1-7 所示。

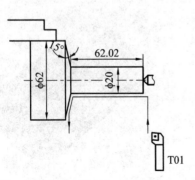

(a) 刀具与仿真走刀路线

(b) 仿真加工效果

图 1-7　精车φ20 mm 外圆和 15° 锥面

(7) 调头，粗车ϕ26 mm 外圆，如图 1-8 所示。

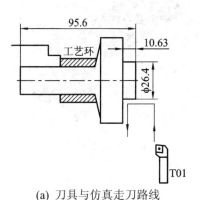

(a) 刀具与仿真走刀路线

(b) 仿真加工效果

图 1-8　调头，粗车ϕ26 mm 外圆

(8) 粗车 15° 锥面，如图 1-9 所示。

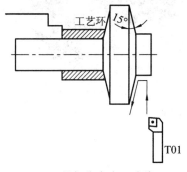

(a) 刀具与仿真走刀路线

(b) 仿真加工效果

图 1-9　粗车 15° 锥面

(9) 精车ϕ26 mm 外圆和 15° 锥面，如图 1-10 所示。

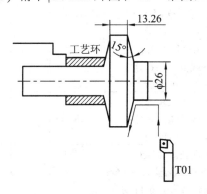

(a) 刀具与仿真走刀路线

(b) 仿真加工效果

图 1-10　精车ϕ26 外圆和 15° 锥面

(10) 粗、精车球头面，如图 1-11 所示。

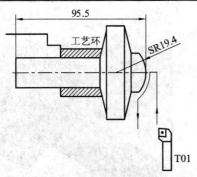

(a) 刀具与仿真走刀路线

(b) 仿真加工效果

图 1-11　粗、精车球头面

(11) 粗、精车倒锥面，如图 1-12 所示。

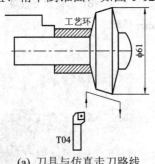

(a) 刀具与仿真走刀路线

(b) 仿真加工效果

图 1-12　粗、精车倒锥面

六、评分标准

加工该零件的评分标准如表 1-3 所示。

表 1-3　模具心轴零件的评分标准

序号	项目与技术要求	配分	评 分 标 准	自评	师评
1	工艺过程合理性	20	1. 工艺过程基本合理 17-20 分； 2. 工艺过程基本合理，有个别不合理之处 12-16 分； 3. 工艺过程合理性较差，0-11 分		
2	工艺文件规范性	20	1. 工艺文件规范性较好 17-20 分； 2. 工艺文件有个别不规范 12-16 分； 3. 工艺文件规范性较差，0-11 分		
3	刀具选用合适性	20	1. 刀具选用合理性较好 17-20 分； 2. 刀具选用有个别不合理 12-16 分； 3. 刀具选用合理性较差，0-11 分		
4	切削用量选用合理性	20	1. 切削用量选用合理性较好 17-20 分； 2. 切削用量选用有个别不合理 12-16 分； 3. 切削用量选用合理性较差，0-11 分		
5	仿真刀轨合理性	20	1. 仿真刀轨合理性较好 17-20 分； 2. 仿真刀轨有个别不合理 12-16 分； 3. 仿真刀轨合理性较差，0-11 分		
6	合　　计	100	总　　分		

1.2.2　典型轴零件的数控加工工艺

一、项目任务书

(1) 根据二维零件图，如图 1-13 所示，编写加工典型轴零件的数控加工工艺文件。

(2) 使用数控仿真系统对所编写的程序进行验证，加工出图纸所要求的轴类零件，并在尺寸精度要求较高的部位进行测量。

(3) 该零件的材料为 45 钢。

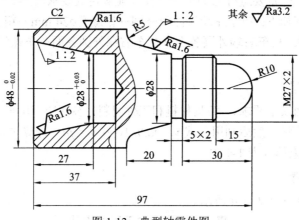

图 1-13　典型轴零件图

二、加工工艺分析

该零件为典型的综合性轴类零件，主要由圆弧、圆锥、螺纹、内孔等形状构成。最大外圆 φ48 mm 处尺寸要求较高，整体表面粗糙度要求较高，为 1.6 μm，无公差要求的长度尺寸，可按 ±0.2 mm 公差加工。零件毛坯尺寸为 φ52 mm × 100 mm。

三、加工设备选择

根据被加工零件的外形和材料等特点，可选用数控车床 CK6140，数控系统为 FNAUC。

最大车削直径(mm)	400
最大工件高度(mm)	750
电机功率(kW)	4
主轴转速范围	90-450-1800　无级变速
刀库容量	4(6)
主轴内孔直径(mm)	52
X 轴进给范围(mm/min)	3000
Z 轴进给范围(mm/min)	6000
X 轴行程(mm)	300
Z 轴行程(mm)	680
机床重量(kg)	2200

四、加工工艺制定

1. 选择工件的装夹方式

采用三爪自定心卡盘装夹。加工右端时，要用铜皮或C型套包住左端已加工表面，防止卡爪夹伤已加工表面。

2. 选择加工方法

本零件右端有圆弧、锥度等，难以装夹，故先加工好左端内孔和外圆，再加工右端。加工锥度和圆弧时，一定要进行刀尖半径补偿才能满足其要求。

该零件加工方案如下：粗车左端端面及外圆→钻底孔ϕ24 mm→粗镗内孔→精镗内孔→精车左端各面→调头，粗车右端外圆各面→精车右端外圆各面→车螺纹退刀槽和倒角→粗、精车螺纹。

3. 选择切削用量

根据被加工表面质量要求、 刀具材料和工件材料，参考切削用量手册或有关资料选取切削速度与每转进给量，然后利用公式 $v_c = \pi Dn/1000$　$v_f = fn$，计算主轴转速与进给速度(计算过程略)，计算结果填入表1-4中。

4. 确定加工顺序

该零件的加工顺序如表1-4所示。

表1-4　数控加工工序卡片

零件名称		典型轴零件					
组员姓名							
材料牌号 45钢	毛坯种类	棒料		毛坯外形尺寸		ϕ52 mm×100 mm	
序号	工步内容	刀号	刀具规格	主轴转速/(r/min)	进给速度/(mm/min)	背吃刀量/mm	备注
1	粗车左端端面及外圆	T01	93°	500	80	1	
2	钻中心孔	T02	ϕ4	900			
3	钻底孔ϕ24 mm	T03	ϕ24	1000			
4	粗镗内孔	T04		500	60	0.8	
5	精镗内孔	T04		500	80	0.15	
6	精车左端各面	T01	93°	800	40	0.15	
7	调头，粗车右端外圆各面	T01	93°	500	80	0.8	
8	精车右端外圆各面	T01	93°	500	80	0.15	
9	车螺纹退刀槽和倒角	T05	5 mm	200	20		
10	粗、精车螺纹	T06	60°	250			
编制		审核		编制日期		指导老师	

5. 选择刀具

刀具的选择见表1-5。

表 1-5　数控加工刀具卡片

典型轴零件				
序号	刀具编号	刀具规格、名称	数量	备　注
1	T01	93°硬质合金面右偏车刀	1	
2	T02	φ4 mm 中心钻	1	
3	T03	φ24 mm 麻花钻	1	
4	T04	内孔镗刀	1	
5	T05	割槽刀	1	
6	T06	60°螺纹车刀	1	
编制		审核	编制日期	指导老师

五、编程与仿真

(1) 粗车左端端面及外圆，如图 1-14 所示。

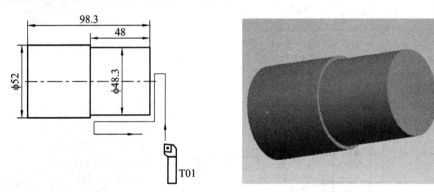

(a) 刀具与仿真走刀路线　　　　　(b) 仿真加工效果

图 1-14　粗车左端端面及外圆

(2) 钻中心孔，如图 1-15 所示。

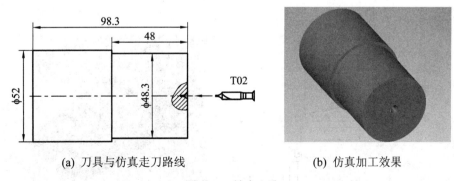

(a) 刀具与仿真走刀路线　　　　　(b) 仿真加工效果

图 1-15　钻中心孔

(3) 钻底孔φ24 mm，如图 1-16 所示。

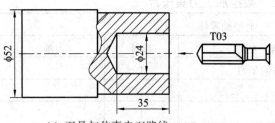

(a) 刀具与仿真走刀路线 　　　　　　 (b) 仿真加工效果

图 1-16　钻底孔φ24 mm

(4) 粗镗内孔，如图 1-17 所示。

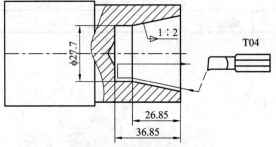

(a) 刀具与仿真走刀路线 　　　　　　 (b) 仿真加工效果

图 1-17　粗镗内孔

(5) 精镗内孔，如图 1-18 所示。

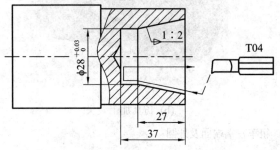

(a) 刀具与仿真走刀路线 　　　　　　 (b) 仿真加工效果

图 1-18　精镗内孔

(6) 精车左端各面，如图 1-19 所示。

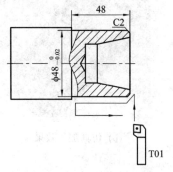

(a) 刀具与仿真走刀路线 　　　　　　 (b) 仿真加工效果

图 1-19　精车左端各面

(7) 调头，粗车右端外圆各面，如图 1-20 所示。

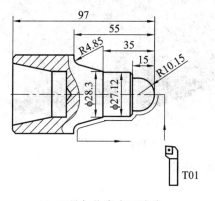

(a) 刀具与仿真走刀路线

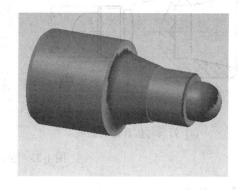

(b) 仿真加工效果

图 1-20　调头，粗车右端外圆各面

(8) 精车右端外圆各面，如图 1-21 所示。

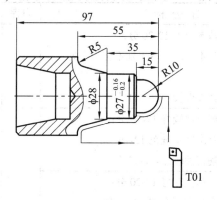

(a) 刀具与仿真走刀路线

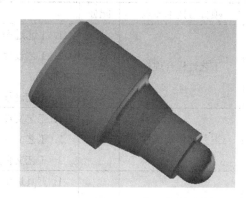

(b) 仿真加工效果

图 1-21　精车右端外圆各面

(9) 车螺纹退刀槽和倒角，如图 1-22 所示。

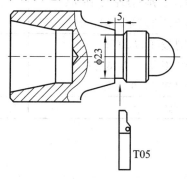

(a) 刀具与仿真走刀路线

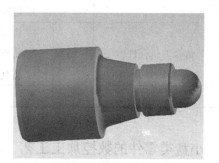

(b) 仿真加工效果

图 1-22　车螺纹退刀槽和倒角

(10) 粗、精车螺纹，如图 1-23 所示。

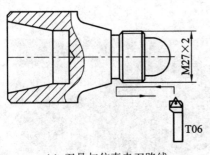

(a) 刀具与仿真走刀路线

(b) 仿真加工效果

图 1-23　粗、精车螺纹

六、评分标准

加工该零件的评分标准如表 1-6 所示。

表 1-6　典型轴零件的评分标准

序号	项目与技术要求	配分	评 分 标 准	自评	师评
1	工艺过程合理性	20	1. 工艺过程基本合理 17-20 分； 2. 工艺过程基本合理，有个别不合理之处 12-16 分； 3. 工艺过程合理性较差，0-11 分		
2	工艺文件规范性	20	1. 工艺文件规范性较好 17-20 分； 2. 工艺文件有个别不规范 12-16 分； 3. 工艺文件规范性较差，0-11 分		
3	刀具选用合适性	20	1. 刀具选用合理性较好 17-20 分； 2. 刀具选用有个别不合理 12-16 分； 3. 刀具选用合理性较差，0-11 分		
4	切削用量选用合理性	20	1. 切削用量选用合理性较好 17-20 分； 2. 切削用量选用有个别不合理 12-16 分； 3. 切削用量选用合理性较差，0-11 分		
5	仿真刀轨合理性	20	1. 仿真刀轨合理性较好 17-20 分； 2. 仿真刀轨有个别不合理 12-16 分； 3. 仿真刀轨合理性较差，0-11 分		
6	合　　计	100	总　　分		

1.2.3　小盘类零件的数控加工工艺

一、项目任务书

(1) 根据二维零件图，如图 1-24 所示，编写该零件的数控加工工艺文件。

(2) 使用数控仿真系统对所编写的程序进行验证，加工出图纸所要求的盘类零件，并在尺寸精度要求较高的部位进行测量。

(3) 该零件的材料为 45 钢。

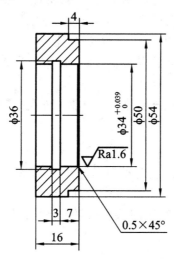

图 1-24　小盘类零件图

二、加工工艺分析

该零件为小盘类零件，尺寸较小，厚度较薄，为保证装夹的可靠性，采用棒料加工后，再割断。

三、加工设备选择

根据被加工零件的外形和材料等特点，可选用数控车床 CK6140，数控系统为 FNAUC。

最大车削直径(mm)	400
最大工件高度(mm)	750
电机功率(kW)	4
主轴转速范围	90-450-1800 无级变速
刀库容量	4(6)
主轴内孔直径(mm)	52
X 轴进给范围(mm/min)	3000
Z 轴进给范围(mm/min)	6000
X 轴行程(mm)	300
Z 轴行程(mm)	680
机床重量(kg)	2200

四、加工工艺制定

1. 选择工件的装夹方式

采用三爪自定心卡盘装夹。

2. 选择加工方法

本零件外圆台阶面尺寸公差为一般公差，一般数控车床都可以达到。孔 $\phi 34^{+0.039}_{0}$ 为 IT8 级公差，铰孔和镗孔的方法都可以实现。鉴于铰刀是定尺寸刀具，一般用于小尺寸孔的加工，且铰孔只能保证直径尺寸和表面光洁度；镗孔一般用于大尺寸孔的加工，尺寸可变范围大，且镗孔既能保证直径尺寸、表面光洁度，又能保证直线度和位置精度。此处，适合镗孔。

该零件加工方案如下：钻孔→粗镗内孔→粗车外圆→粗镗内孔→精车外圆→精镗内孔→割内孔槽→割断。

3. 选择切削用量

根据被加工表面质量要求、刀具材料和工件材料，参考切削用量手册或有关资料选取切削速度与每转进给量，然后利用公式 $v_c = \pi Dn/1000$　$v_f = fn$，计算主轴转速与进给速度(计算过程略)，计算结果填入表 1-7 中。后面各零件的切削用量的计算方法亦如此。

4. 确定加工顺序

该零件的加工顺序如表 1-7 所示。

表 1-7　加工工序卡片

零件名称				小盘类零件				
组员姓名								
材料牌号	45 钢	毛坯种类		棒料		毛坯外形尺寸		$\phi 60$ mm × 50 mm
序号	工 步 内 容		刀号	刀具规格	主轴转速 /(r/min)	进给速度 /(mm/min)	背吃刀量 /mm	备注
1	粗车端面		T01	45°	500	80	1	
2	精车端面		T01	45°	800	40	0.3	
3	钻中心孔		T02	$\phi 4$	900			
4	钻 $\phi 34$ mm 底孔至 $\phi 30$ mm		T03	$\phi 30$	1000	25		
5	粗镗内孔留 0.3 mm 余量		T05	$\phi 12$	500	50	0.8	
6	粗车外表面留 0.3 mm 余量		T04	93°	400	70	1	
7	精车外表面到尺寸		T04	93°	800	40	0.15	
8	精镗内孔到尺寸		T05	$\phi 27$	700	30	0.15	
9	切内孔槽		T06	3 mm	200	20		
10	倒角 $0.5 \times 45°$		T01	45°	500	40	0.5	
10	割断，保证总长 16 mm		T07	4 mm	250	20		
编制		审核		编制 日期		指导 老师		

5. 选择刀具

刀具的选择见表 1-8。

表1-8 加工刀具卡片

小盘类零件				
序号	刀具编号	刀具规格、名称	数量	备 注
1	T01	45°硬质合金面车刀	1	
2	T02	φ4 mm 中心钻	1	
3	T03	φ30 mm 钻头	1	
4	T04	93°硬质合金面右偏车刀	1	
5	T05	内孔镗刀	1	
6	T06	3 mm 内槽车刀	1	
7	T07	切断刀	1	
编制		审核	编制日期	指导老师	

五、编程与仿真

(1) 粗、精车端面，如图1-25所示。

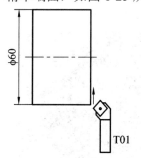

(a) 刀具与仿真走刀路线

(b) 仿真加工效果

图1-25 粗、精车端面

(2) 钻中心孔，如图1-26所示。

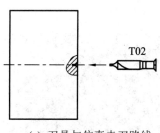

(a) 刀具与仿真走刀路线

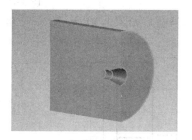

(b) 仿真加工效果

图1-26 钻中心孔

(3) 钻孔φ30 mm，如图1-27所示。

(4) 粗镗φ34 mm孔，如图1-28所示。

(5) 粗车外圆，如图1-29所示。

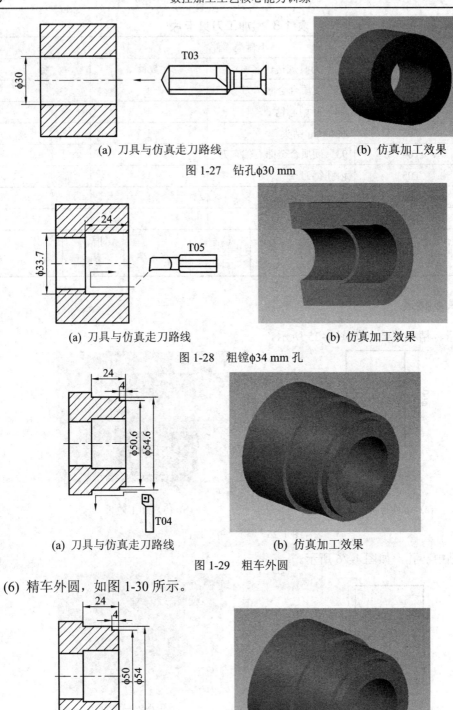

(a) 刀具与仿真走刀路线　　　　　　　(b) 仿真加工效果

图 1-27　钻孔φ30 mm

(a) 刀具与仿真走刀路线　　　　　　　(b) 仿真加工效果

图 1-28　粗镗φ34 mm 孔

(a) 刀具与仿真走刀路线　　　　　　　(b) 仿真加工效果

图 1-29　粗车外圆

(6) 精车外圆，如图 1-30 所示。

(a) 刀具与仿真走刀路线　　　　　　　(b) 仿真加工效果

图 1-30　精车外圆

(7) 精镗φ34 mm 孔，如图 1-31 所示。

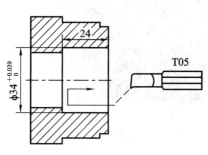

(a) 刀具与仿真走刀路线

(b) 仿真加工效果

图 1-31   精镗φ34 mm 孔

(8) 切内孔槽，如图 1-32 所示。

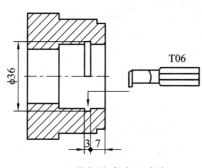

(a) 刀具与仿真走刀路线

(b) 仿真加工效果

图 1-32   切内孔槽

(9) φ34 mm 底孔倒角，如图 1-33 所示。

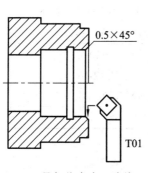
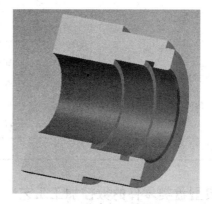

(a) 刀具与仿真走刀路线

(b) 仿真加工效果

图 1-33   φ34 mm 底孔倒角

(10) 割断，如图 1-34 所示。

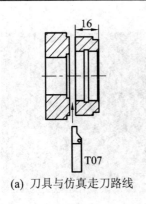

(a) 刀具与仿真走刀路线　　　　　　　(b) 仿真加工效果

图 1-34　割断

六、评分标准

加工该零件的评分标准如表 1-9 所示。

表 1-9　小盘类零件的评分标准

序号	项目与技术要求	配分	评 分 标 准	自评	师评
1	工艺过程合理性	20	1. 工艺过程基本合理 17-20 分； 2. 工艺过程基本合理，有个别不合理之处 12-16 分； 3. 工艺过程合理性较差，0-11 分		
2	工艺文件规范性	20	1. 工艺文件规范性较好 17-20 分； 2. 工艺文件有个别不规范 12-16 分； 3. 工艺文件规范性较差，0-11 分		
3	刀具选用合适性	20	1. 刀具选用合理性较好 17-20 分； 2. 刀具选用有个别不合理 12-16 分； 3. 刀具选用合理性较差，0-11 分		
4	切削用量选用合理性	20	1. 切削用量选用合理性较好 17-20 分； 2. 切削用量选用有个别不合理 12-16 分； 3. 切削用量选用合理性较差，0-11 分		
5	仿真刀轨合理性	20	1. 仿真刀轨合理性较好 17-20 分； 2. 仿真刀轨有个别不合理 12-16 分； 3. 仿真刀轨合理性较差，0-11 分		
6	合　　计	100	总　　分		

1.2.4　典型盘类零件的数控加工工艺

一、项目任务书

(1) 根据二维零件图，如图 1-35 所示，编写该零件的数控加工工艺文件。

(2) 使用数控仿真系统对所编写的程序进行验证，加工出图纸所要求的盘类零件，并在尺寸精度要求较高的部位进行测量。

(3) 该零件的材料为 HT200，采用铸件毛坯，内孔、外圆的毛坯单边余量均为 4.0 mm。

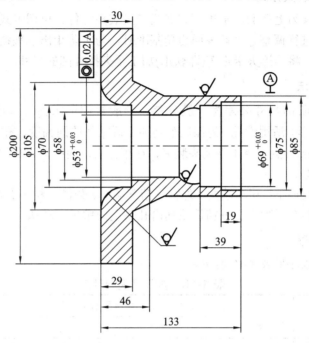

图 1-35　典型盘类零件图

二、加工工艺分析

该零件为典型的盘类零件，径向和轴向尺寸较大，除端面和内孔需车削加工外，两端内孔还有同轴度要求，为保证加工要求和装夹的可靠性，注意加工顺序和装夹方式。

三、加工设备选择

根据被加工零件的外形和材料等特点，可选用数控车床 CK6140，数控系统为 FNAUC。

最大车削直径(mm)	400
最大工件高度(mm)	750
电机功率(kW)	4
主轴转速范围	90-450-1800　无级变速
刀库容量	4(6)
主轴内孔直径(mm)	52
X 轴进给范围(mm/min)	3000
Z 轴进给范围(mm/min)	6000
X 轴行程(mm)	300
Z 轴行程(mm)	680
机床重量(kg)	2200

四、加工工艺制定

1. 选择工件的装夹方式

本零件小端外圆为毛坯面,采用可调卡式卡盘装夹工件。可调卡式卡盘的卡爪在径向的夹紧位置可单独进行调整。夹持表面为精基准时,为了防止出现夹痕,提高定位精度,也可根据实际需要,将不淬火卡爪车(即软爪)加工至夹持外圆的尺寸。

2. 选择加工方法

本零件内孔台阶面尺寸公差为一般公差,一般数控车床都可以达到。孔 $\phi 53^{+0.03}_{0}$,$\phi 69^{+0.03}_{0}$ 为 IT7 级公差,适用镗孔。为保证车削加工后工件的同轴度,先加工大端面和内孔,并在内孔预留 0.3 mm,然后将工件调头装夹,在车完右端内孔后,反向车左端内孔,以保证两端内孔的同轴度。

该零件加工方案如下:粗车端面、外圆→精车端面、外圆→粗车右端系列内孔→调头,粗、精车左端面→粗车系列内孔→精镗系列内孔→反向精镗同轴孔。

3. 确定加工顺序

该零件的加工顺序如表 1-10 所示。

表 1-10　加工工序卡片

零件名称			典型盘类零件					
组员姓名								
材料牌号	HT200 铸铁	毛坯种类		棒料		毛坯外形尺寸		$\phi 204$ mm × 135 mm
序号	工 步 内 容		刀号	刀具规格	主轴转速/(r/min)	进给速度/(mm/min)	背吃刀量/mm	备注
夹小端,加工大端各部								
1	粗车端面,留 0.3 mm 余量		T01	45°	500	80	1	
2	精车端面		T01	45°	800	40	0.3	
3	粗车外圆,留 0.3 mm 余量		T02	93°	500	80	1	
4	精车外圆到尺寸$\phi 200$		T02	93°	800	40	0.15	
5	粗车系列孔,留 0.3 mm 余量		T03	$\phi 12$	500	60	0.8	
采用软爪,夹大端,加工小端各部								
1	粗车端面,留 0.3 mm 余量		T01	45°	500	80	1	
2	精车端面		T01	45°	800	40	0.3	
3	粗镗内孔		T03	$\phi 12$	500	60	0.8	
4	精镗内孔到尺寸		T04	$\phi 12$	700	30	0.15	
5	反向精镗同轴孔		T05	$\phi 12$	700	30	0.15	
编制		审核			编制日期		指导老师	

4. 选择刀具

刀具的选择如表 1-11 所示。

表 1-11　加工刀具卡片

典型盘类零件				
序号	刀具编号	刀具规格、名称	数量	备　注
1	T01	45°硬质合金面车刀	1	
2	T02	93°硬质合金面右偏车刀	1	
3	T03	粗镗刀	1	
4	T04	精镗刀	1	
5	T05	反向精镗刀	1	
编制		审核	编制日期	指导老师

五、编程与仿真

(1) 粗、精车端面，如图 1-36 所示。

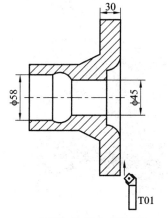

(a) 刀具与仿真走刀路线

(b) 仿真加工效果

图 1-36　粗、精车端面

(2) 粗、精车外圆，如图 1-37 所示。

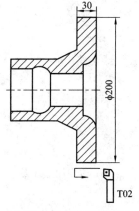

(a) 刀具与仿真走刀路线

(b) 仿真加工效果

图 1-37　粗、精车外圆

(3) 粗车系列孔，留 0.3 mm 余量，如图 1-38 所示。

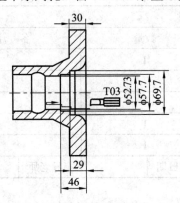

(a) 刀具与仿真走刀路线

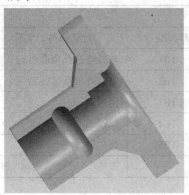

(b) 仿真加工效果

图 1-38 粗车系列孔，留 0.3 mm 余量

(4) 粗、精车端面，如图 1-39 所示。

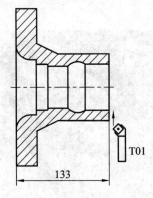

(a) 刀具与仿真走刀路线

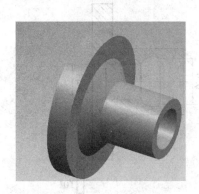

(b) 仿真加工效果

图 1-39 粗、精车端面

(5) 粗镗内孔，如图 1-40 所示。

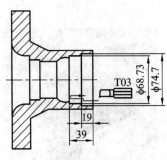

(a) 刀具与仿真走刀路线

(b) 仿真加工效果

图 1-40 粗镗内孔

(6) 精镗内孔，如图 1-41 所示。

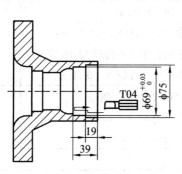
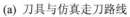

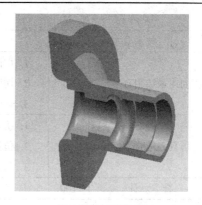

(a) 刀具与仿真走刀路线　　　　　　(b) 仿真加工效果

图 1-41　精镗内孔

(7) 反向精镗同轴孔，如图 1-42 所示。

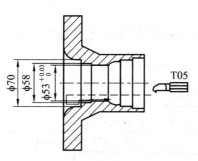

(a) 刀具与仿真走刀路线　　　　　　(b) 仿真加工效果

图 1-42　反向精镗同轴孔

六、评分标准

加工该零件的评分标准如表 1-12 所示。

表 1-12　典型盘类零件评分标准

序号	项目与技术要求	配分	评 分 标 准	自评	师评
1	工艺过程合理性	20	1. 工艺过程基本合理 17-20 分； 2. 工艺过程基本合理，有个别不合理之处 12-16 分； 3. 工艺过程合理性较差，0-11 分		
2	工艺文件规范性	20	1. 工艺文件规范性较好 17-20 分； 2. 工艺文件有个别不规范 12-16 分； 3. 工艺文件规范性较差，0-11 分		
3	刀具选用合适性	20	1. 刀具选用合理性较好 17-20 分； 2. 刀具选用有个别不合理 12-16 分； 3. 刀具选用合理性较差，0-11 分		

续表

序号	项目与技术要求	配分	评分标准	自评	师评
4	切削用量选用合理性	20	1. 切削用量选用合理性较好 17-20 分； 2. 切削用量选用有个别不合理 12-16 分； 3. 切削用量选用合理性较差，0-11 分		
5	仿真刀轨合理性	20	1. 仿真刀轨合理性较好 17-20 分； 2. 仿真刀轨有个别不合理 12-16 分； 3. 仿真刀轨合理性较差，0-11 分		
6	合　计	100	总　分		

1.2.5　典型轴套类零件的数控加工工艺(一)

一、项目任务书

(1) 根据二维零件图，如图 1-43 所示，编写该零件的数控加工工艺文件。

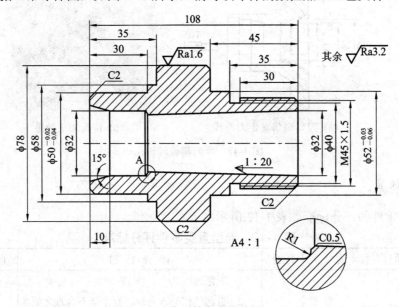

图 1-43　典型轴套类零件图(一)

(2) 使用数控仿真系统对所编写的程序进行验证，加工出图纸所要求的轴套类零件，并在尺寸精度要求较高的部位进行测量。

(3) 该零件的材料为 45 钢，无热处理和硬度要求。

二、加工工艺分析

该零件为典型的轴套类零件，径向尺寸小，轴向尺寸较大，零件表面由内外圆柱面、内圆锥面、顺圆弧、逆圆弧及外螺纹等表面组成，其中多个直径尺寸与轴向尺寸有较高的尺寸精度和表面粗糙度要求。

三、加工设备选择

根据被加工零件的外形和材料等特点，可选用数控车床 CK6140，数控系统为 FNAUC。

最大车削直径(mm)	400
最大工件高度(mm)	750
电机功率(kW)	4
主轴转速范围	90-450-1800 无级变速
刀库容量	4(6)
主轴内孔直径(mm)	52
X 轴进给范围(mm/min)	3000
Z 轴进给范围(mm/min)	6000
X 轴行程(mm)	300
Z 轴行程(mm)	680
机床重量(kg)	2200

四、加工工艺制定

1. 选择工件的装夹方式

(1) 内孔加工时，以外圆定位，采用三爪自定心卡盘夹紧；

(2) 外轮廓加工时，以零件轴线为定位基准，增加辅助心轴装置，加工时采用三爪卡盘和顶尖一夹一顶的装夹，以提高工艺系统的刚性。

2. 选择加工方法

零件图样上的公差值较小，故编程时不必取其平均值，取基本尺寸即可。由于零件多个尺寸的设计基准为左右端面，因此，先加工左右端面。加工顺序以由内到外、由粗到精、由近到远的原则确定。结合本零件的结构特征，可先加工内孔各面，然后加工外轮廓表面。在镗 1:20 锥孔、φ32 mm 孔及斜角 15° 的锥孔时，由于内孔尺寸较小，可调头装夹。

该零件加工方案如下：粗、精车端面→钻底孔→粗、精镗φ32 mm 内孔、15° 锥孔及 C0.5 倒角→调头，粗、精镗 1:20 锥孔→心轴装夹，粗、精车外轮廓→卸心轴，割槽→粗、精车 M45 螺纹。

3. 确定加工顺序

该零件的加工顺序如表 1-13 所示。

表 1-13　数控加工工序卡片

零件名称		典型轴套类零件(一)					
组员姓名							
材料牌号	45 钢	毛坯种类	棒料		毛坯外形尺寸		φ82 mm × 110 mm
序号	工 步 内 容		刀号	刀具规格	主轴转速/(r/min)	进给速度/(mm/min)	背吃刀量/mm	备注
1	粗车端面		T01	45°	320	80	1	
2	精车端面		T01	45°	700	40	0.3	

序号	工 步 内 容	刀号	刀具规格	主轴转速 /(r/min)	进给速度 /(mm/min)	背吃刀量 /mm	备注
3	钻ϕ5 mm 中心孔	T02	ϕ5	900			
4	钻底孔至ϕ26 mm	T03	ϕ26	200	25		
5	粗镗ϕ32 mm 内孔、15° 锥孔及 C0.5 倒角	T04	20×20	320	40	0.5	
6	精镗ϕ32 mm 内孔、15° 锥孔及 C0.5 倒角	T04	20×20	500	25	0.2	
7	车台阶	T05	25×25	320	40	0.8	
8	调头，粗车端面	T01	45°	320	80	1	
9	调头，精车端面	T01	45°	700	40	0.3	
10	粗镗 1：20 锥孔，留 0.4 mm 余量	T04	20×20	320	40	0.5	
11	精镗 1：20 锥孔	T04	20×20	500	25	0.2	
12	心轴装夹，自右至左粗车外轮廓	T05	25×25	320	40	0.8	
13	自左至右粗车外轮廓	T06	25×25	320	40	0.8	
14	自右至左精车外轮廓	T05	25×25	500	20	0.1	
15	自左至右精车外轮廓	T06	25×25	500	20	0.1	
16	卸心轴，三爪装夹，割槽	T07	5 mm	200			
17	粗车 M45 螺纹	T08	25×25	320		0.3	
16	精车 M45 螺纹	T08	25×25	320		0.1	
编制		审核		编制日期		指导老师	

4. 选择刀具

刀具的选择见表 1-4。

表 1-14　数控加工刀具卡片

典型轴套类零件(一)				
序号	刀具编号	刀具规格、名称	数量	备　注
1	T01	45° 硬质合金面车刀	1	
2	T02	ϕ5 mm 中心钻	1	
3	T03	ϕ26 mm 钻头	1	
4	T04	内孔镗刀	1	
5	T05	93° 硬质合金面右车刀	1	
6	T06	93° 硬质合金面左车刀	1	
7	T07	5 mm 割刀	1	
8	T08	60° 外螺纹车刀	1	
编制		审核		编制日期　　　　　指导老师

五、编程与仿真

(1) 粗、精车端面，如图 1-44 所示。

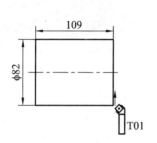

(a) 刀具与仿真走刀路线

(b) 仿真加工效果

图 1-44 粗、精车端面

(2) 钻ϕ5 mm 中心孔，如图 1-45 所示。

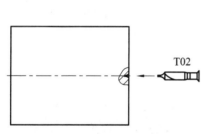

(a) 刀具与仿真走刀路线

(b) 仿真加工效果

图 1-45 钻中心孔

(3) 钻底孔ϕ26 mm，如图 1-46 所示。

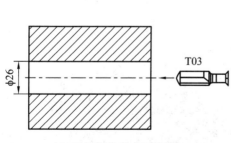

(a) 刀具与仿真走刀路线

(b) 仿真加工效果

图 1-46 钻底孔ϕ26 mm

(4) 粗镗ϕ32 mm 内孔、15°锥孔及 C0.5 倒角，如图 1-47 所示。

(5) 精镗ϕ32 mm 内孔、15°锥孔及 C0.5 倒角，如图 1-48 所示。

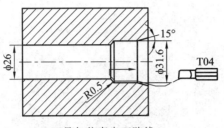
(a) 刀具与仿真走刀路线

(b) 仿真加工效果

图 1-47　粗镗ϕ32 mm 内孔、15° 锥孔及 C0.5 倒角

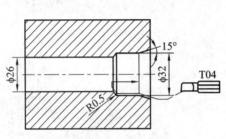
(a) 刀具与仿真走刀路线

(b) 仿真加工效果

图 1-48　精镗ϕ32 mm 内孔、15° 锥孔及 C0.5 倒角

(6) 车台阶，如图 1-49 所示。

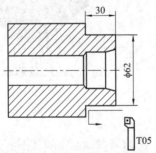
(a) 刀具与仿真走刀路线

(b) 仿真加工效果

图 1-49　车台阶

(7) 夹持台阶，粗、精车端面，如图 1-50 所示。

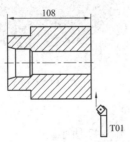
(a) 刀具与仿真走刀路线

(b) 仿真加工效果

图 1-50　夹持台阶，粗、精车端面

(8) 粗镗 1:20 锥孔，如图 1-51 所示。

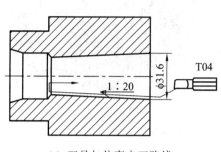

(a) 刀具与仿真走刀路线　　　　　　(b) 仿真加工效果

图 1-51 粗镗 1:20 锥孔

(9) 精镗 1：20 锥孔，如图 1-52 所示。

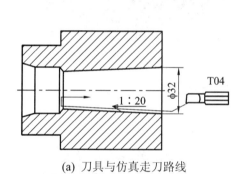

(a) 刀具与仿真走刀路线　　　　　　(b) 仿真加工效果

图 1-52 精镗 1:20 锥孔

(10) 心轴装夹，自右至左粗车外轮廓，如图 1-53 所示。

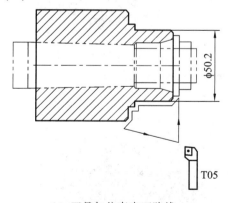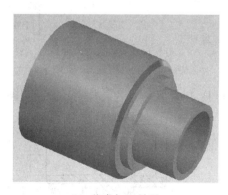

(a) 刀具与仿真走刀路线　　　　　　(b) 仿真加工效果

图 1-53 心轴装夹，自右至左粗车外轮廓

(11) 自左至右粗车外轮廓，如图 1-54 所示。

(12) 自右至左精车外轮廓，如图 1-55 所示。

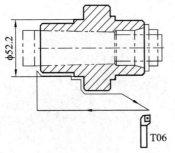

(a) 刀具与仿真走刀路线

(b) 仿真加工效果

图 1-54　自左至右粗车外轮廓

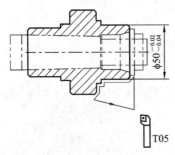

(a) 刀具与仿真走刀路线

(b) 仿真加工效果

图 1-55　自右至左精车外轮廓

(13) 自左至右精车外轮廓，如图 1-56 所示。

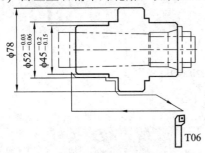

(a) 刀具与仿真走刀路线

(b) 仿真加工效果

图 1-56　自左至右精车外轮廓

(14) 卸心轴，三爪装夹，割槽，如图 1-57 所示。

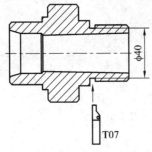

(a) 刀具与仿真走刀路线

(b) 仿真加工效果

图 1-57　卸心轴，三爪装夹，割槽

(15) 粗、精车螺纹，如图 1-58 所示。

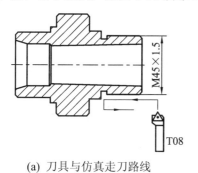

(a) 刀具与仿真走刀路线

(b) 仿真加工效果

图 1-58　粗、精车螺纹

六、评分标准

加工该零件时的评分标准如表 1-15 所示。

表 1-15　典型轴套类零件评分标准

序号	项目与技术要求	配分	评　分　标　准	自评	师评
1	工艺过程合理性	20	1. 工艺过程基本合理 17-20 分； 2. 工艺过程基本合理，有个别不合理之处 12-16 分； 3. 工艺过程合理性较差，0-11 分		
2	工艺文件规范性	20	1. 工艺文件规范性较好 17-20 分； 2. 工艺文件有个别不规范 12-16 分； 3. 工艺文件规范性较差，0-11 分		
3	刀具选用合适性	20	1. 刀具选用合理性较好 17-20 分； 2. 刀具选用有个别不合理 12-16 分； 3. 刀具选用合理性较差，0-11 分		
4	切削用量选用合理性	20	1. 切削用量选用合理性较好 17-20 分； 2. 切削用量选用有个别不合理 12-16 分； 3. 切削用量选用合理性较差，0-11 分		
5	仿真刀轨合理性	20	1. 仿真刀轨合理性较好 17-20 分； 2. 仿真刀轨有个别不合理 12-16 分； 3. 仿真刀轨合理性较差，0-11 分		
6	合　　计	100	总　　分		

1.2.6　典型轴套类零件的数控加工工艺(二)

一、项目任务书

(1) 根据二维零件图，如图 1-59 所示，编写该零件的数控加工工艺文件。

(2) 使用数控仿真系统对所编写的程序进行验证，加工出图纸所要求的轴套类零件，并在尺寸精度要求较高的部位进行测量。

(3) 该零件的材料为 45 钢，无热处理和硬度要求。

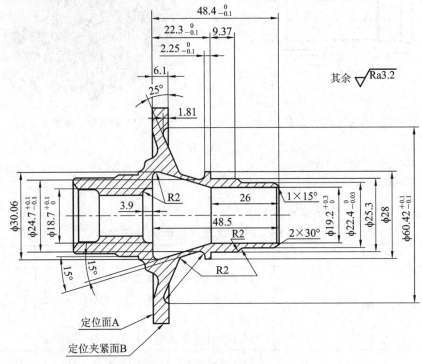

图 1-59　典型轴套类零件图(二)

鉴于该零件的结构特点，毛坯余量较大，决定在数控加工前，在普通车床上进行荒车。荒车后的工序简图如图 1-60 所示。

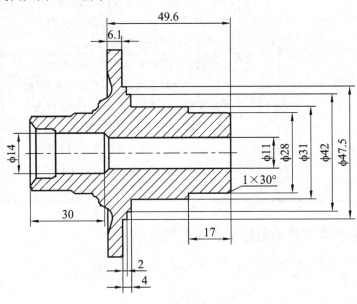

图 1-60　轴套荒车工序简图

二、加工工艺分析

该零件主要由内外圆柱面、内外圆锥面、平面圆弧等表面组成，结构形状复杂，加工部位多，零件上 $\phi 22.4_{-0.03}^{0}$ 处尺寸精度高，工件壁薄，加工中易变形，加工难度较大，特别适合数控车削加工。

三、加工设备选择

根据被加工零件的外形和材料等特点，可选用数控车床 CK6140，数控系统为 FNAUC。

最大车削直径(mm)	400
最大工件高度(mm)	750
电机功率(kW)	4
主轴转速范围	90-450-1800　无级变速
刀库容量	4(6)
主轴内孔直径(mm)	52
X 轴进给范围(mm/min)	3000
Z 轴进给范围(mm/min)	6000
X 轴行程(mm)	300
Z 轴行程(mm)	680
机床重量(kg)	2200

四、加工工艺制定

1. 选择工件的装夹方式

由于工件壁薄，易变形，为减少夹紧变形，敞开所有加工部位，采用包容式软爪进行装夹，在数控车床上加工软爪的径向夹持表面，同时将轴向定位支承表面加工出来。

2. 选择加工方法

根据先粗后精、先近后远、内外交叉的原则确定加工顺序和进给路线。由于内孔较深，且内孔端部距离夹持部位较远，综合考虑车孔的小切削力和钻孔的高效性，采用两种方法结合进行深孔的加工。确定加工方法时，还应考虑刀具伸入长、刚性差而引起振动的因素，在切削参数和走到路线上进行调整。

该零件加工方案如下：粗车外圆表面→半精车外圆锥面及过渡圆弧→粗车内孔端部→扩内孔深部→粗车内圆锥面及其余内表面→精车外圆柱面及端面→精车外圆锥面及过渡圆弧→精车 15° 外圆锥面及 R2 圆弧面→精车内表面→加工 $\phi 18.7_{0}^{+0.1}$ mm 内孔及端面。

3. 确定加工顺序

该零件的加工顺序如表 1-16 所示。

表 1-16   数控加工工序卡片

零件名称				典型轴套类零件(二)				
组员姓名								
材料牌号	45 钢	毛坯种类		棒料		毛坯外形尺寸		ϕ200 mm × 80 mm
序号	工 步 内 容		刀号	刀具规格	主轴转速/(r/min)	进给速度/(mm/min)	背吃刀量/mm	备注
1	粗车外圆表面		T01	80°	450	80	1	R0.8
2	半精车外圆锥面及过渡圆弧		T02	R3	700	50	0.5	
3	粗车内孔端部		T03	60°	600	60	0.5	R0.4
4	扩内孔深部（钻底孔至ϕ18 mm）		T04	ϕ18	200	25	0.5	
5	粗车内圆锥面及其余内表面		T05	55°	600	60	0.5	R0.4
6	精车外圆柱面及端面		T06	80°	900	40	0.2	R0.4
7	精车外圆锥面及过渡圆弧		T07	R2	800	30	0.15	
8	精车 15° 外圆锥面及 R2 圆弧面		T08	R2	800	30	0.15	
9	精车内表面		T05	55°	800	40	0.5	R0.4
10	加工ϕ18.7 mm 内孔及端面		T09	80°	600	40	0.2	R0.4
编制		审核			编制日期		指导老师	

4. 选择刀具

刀具的选择见表 1-17。

表 1-17   数控加工刀具卡片

典型轴套类零件(二)				
序号	刀具编号	刀具规格、名称	数 量	备 注
1	T01	80° 硬质合金面车刀	1	R0.8
2	T02	R3 球头刀	1	
3	T03	60° 镗刀	1	R0.4
4	T04	ϕ18 mm 钻头	1	
5	T05	55° 镗刀	1	R0.4
6	T06	80° 硬质合金面车刀	1	R0.4
7	T07	R2 球头刀	1	
8	T08	R2 球头刀	1	
9	T09	80° 镗刀	1	R0.4
编制		审核	编制日期	指导老师

五、编程与仿真

(1) 粗车外圆表面，如图 1-61 所示。

(2) 半精车外圆锥面及过渡圆弧，如图 1-62 所示。

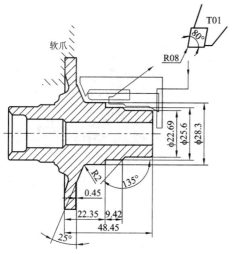

(a) 刀具与仿真走刀路线　　　　　　　　　(b) 仿真加工效果

图 1-61　粗车外圆表面

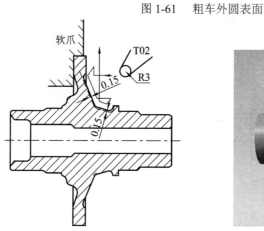

(a) 刀具与仿真走刀路线　　　　　　　　　(b) 仿真加工效果

图 1-62　半精车外圆锥面及过渡圆弧

(3) 粗车内孔端部，如图 1-63 所示。

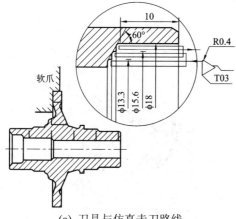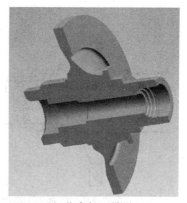

(a) 刀具与仿真走刀路线　　　　　　　　　(b) 仿真加工效果

图 1-63　粗车内孔端部

(4) 扩内孔深部，如图 1-64 所示。

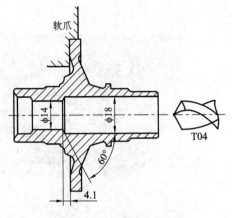

(a) 刀具与仿真走刀路线

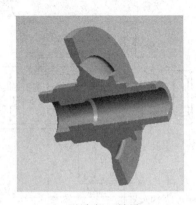

(b) 仿真加工效果

图 1-64　扩内孔深部

(5) 粗车内圆锥面及其余内表面，如图 1-65 所示。

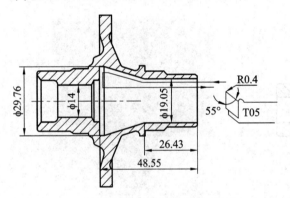

(a) 刀具与仿真走刀路线

(b) 仿真加工效果

图 1-65　粗车内圆锥面及其余内表面

(6) 精车外圆柱面及端面，如图 1-66 所示。

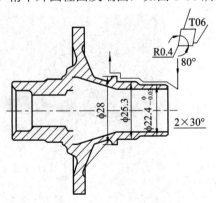

(a) 刀具与仿真走刀路线

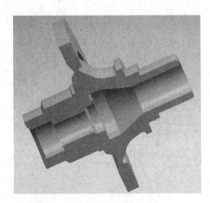

(b) 仿真加工效果

图 1-66　精车外圆柱面及端面

(7) 精车外圆锥面及过渡圆弧，如图 1-67 所示。

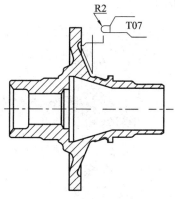

(a) 刀具与仿真走刀路线

(b) 仿真加工效果

图 1-67　精车外圆锥面及过渡圆弧

(8) 精车 15° 外圆锥面及 R2 圆弧面，如图 1-68 所示。

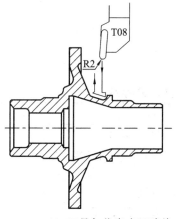

(a) 刀具与仿真走刀路线

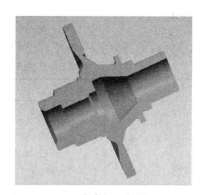

(b) 仿真加工效果

图 1-68　精车 15° 外圆锥面及 R2 圆弧面

(9) 精车内表面，如图 1-69 所示。

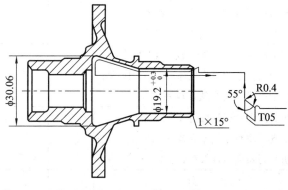

(a) 刀具与仿真走刀路线

(b) 仿真加工效果

图 1-69　精车内表面

(10) 加工$\phi 18.7 \, ^{+0.1}_{0}$ mm 内孔及端面，如图 1-70 所示。

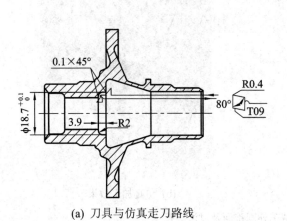

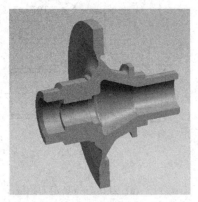

(a) 刀具与仿真走刀路线　　　　　　　　(b) 仿真加工效果

图 1-70　加工$\phi 18.7 \, ^{+0.1}_{0}$ mm 内孔及端面

六、评分标准

加工该零件时的评分标准如表 1-18 所示。

表 1-18　典型轴套类零件评分标准

序号	项目与技术要求	配分	评 分 标 准	自评	师评
1	工艺过程合理性	20	1. 工艺过程基本合理 17-20 分； 2. 工艺过程基本合理，有个别不合理之处 12-16 分； 3. 工艺过程合理性较差，0-11 分		
2	工艺文件规范性	20	1. 工艺文件规范性较好 17-20 分； 2. 工艺文件有个别不规范 12-16 分； 3. 工艺文件规范性较差，0-11 分		
3	刀具选用合适性	20	1. 刀具选用合理性较好 17-20 分； 2. 刀具选用有个别不合理 12-16 分； 3. 刀具选用合理性较差，0-11 分		
4	切削用量选用合理性	20	1. 切削用量选用合理性较好 17-20 分； 2. 切削用量选用有个别不合理 12-16 分； 3. 切削用量选用合理性较差，0-11 分		
5	仿真刀轨合理性	20	1. 仿真刀轨合理性较好 17-20 分； 2. 仿真刀轨有个别不合理 12-16 分； 3. 仿真刀轨合理性较差，0-11 分		
6	合　　计	100	总　　分		

模块二　数控铣削加工工艺

学习目的：了解数控铣削加工的特点及主要加工对象，掌握数控铣削加工中的工艺处理。通过典型零件的加工，掌握数控铣削加工的基本加工工艺，并按照零件图纸的技术要求，编制合理的数控加工工艺。

2.1　概　　述

数控铣削加工工艺以普通铣床加工工艺为基础，结合数控铣床的特点，综合运用多方面的知识解决数控铣削加工过程中面临的工艺问题，其内容包括金属切削原理与刀具、加工工艺、典型零件加工与工艺性分析等方面的基础知识和基本理论。本模块的宗旨在于从工程实际运用的角度，简要介绍数控铣削加工工艺所涉及的基础知识和基本原则，通过一系列数控铣削加工实例的工艺设计介绍使读者在操作实训过程中科学、合理地设计加工工艺，充分发挥数控铣床的特点，实现数控铣削加工中的优质、高产、低耗。

2.1.1　数控铣削加工的主要对象

数控铣削是机械加工中最常用和最主要的数控加工方法之一，它除了能铣削普通铣床所能铣削的各种零件表面外，还能铣削普通铣床不能铣削的需要 2～5 坐标联动的各种平面轮廓和立体轮廓。根据数控铣床的特点，从铣削加工角度考虑，适合数控铣削的主要加工对象有以下几类。

1. 平面轮廓零件

这类零件的加工面平行或垂直于定位面，或加工面与定位面的夹角为固定角度(见图2-1)，如各种盖板、凸轮以及飞机整体构件中的框、肋等。目前在数控铣床上加工的大多数零件属于平面类零件，其特点是各个加工面是平面或可以展开为平面。

(a) 带平面轮廓的平面零件　　(b) 带正圆台和斜筋的平面零件　　(c) 带斜平面的平面零件

图 2-1　平面轮廓零件

平面类零件是数控铣削加工中最简单的一类零件，一般只需要用三坐标数控铣床的两坐标联动(即两轴半坐标联动)就可以把它们加工出来。

2. 变斜角类零件

加工面与水平面的夹角呈连续变化的零件称为变斜角类零件，如图 2-2 所示的飞机上的一种变斜角梁椽条。

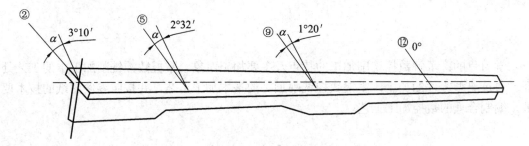

图 2-2　变斜角零件(飞机变斜角梁椽条)

变斜角类零件的变斜角加工面不能展开为平面，但在加工中，加工面与铣刀圆周接触的瞬间为一条直线。加工变斜角类零件最好采用四坐标、五坐标数控铣床摆角加工，在没有上述机床时，也可采用三坐标数控铣床进行两轴半近似加工。

3. 曲面类零件

加工面为空间曲面的零件称为曲面类零件(见图 2-3)，如模具、叶片、螺旋桨等。曲面类零件的加工面不能展开为平面。加工时，铣刀与加工面始终为点接触，一般使用球头刀具在三坐标数控铣床上加工。当曲面较复杂、通道较狭窄、会伤及相邻表面及需要刀具摆动时，要采用四坐标或五坐标铣床加工。

(a) 模具零件

(b) 叶轮零件

图 2-3　曲面类零件

4. 孔

孔及孔系的加工可以在数控铣床上进行，如钻、扩、铰和镗等加工。由于孔加工多采用定尺寸刀具，需要频繁换刀，当加工孔的数量较多时，就不如用加工中心加工方便、快捷。

5. 螺纹

内、外螺纹，圆柱螺纹、圆锥螺纹等都可以在数控铣床上加工。

2.1.2　数控铣削加工工艺的基本特点

工艺规程是工人在加工时的指导性文件。由于普通铣床受控于操作工人，因此，在普通铣床上用的工艺规程实际上只是一个工艺过程卡，铣床的切削用量、走刀路线、工序的工步等往往都是由操作工人自行选定的。数控铣床加工的程序是数控铣床的指令性文件。数控铣床受控于程序指令，加工的全过程都是按程序指令自动进行的。因此，数控铣床加工程序与普通铣床工艺规程有较大差别，涉及的内容也较广。数控铣床加工程序不仅要包括零件的工艺过程，而且还要包括切削用量、走刀路线、刀具尺寸以及铣床的运动过程。因此，要求编程人员对数控铣床的性能、特点、运动方式、刀具系统、切削规范以及工件的装夹方法都要非常熟悉。工艺方案的好坏不仅会影响铣床效率的发挥，而且将直接影响到零件的加工质量。由此可见，数控铣床加工工艺与普通铣床加工工艺在原则上基本相同，但数控加工的整个过程是自动进行的，因而又有其特点：

(1) 工序的内容复杂。这是由于数控铣床比普通铣床价格贵，若只加工简单工序在经济上不合算，所以在数控铣床上通常安排较复杂的工序，甚至是在普通铣床上难以完成的工序。

(2) 工步的安排更为详尽。这是因为在普通铣床的加工工艺中不必考虑的问题，如工序内工步的安排、对刀点、换刀点及加工路线等，往往是数控铣床加工工艺的组成部分。

2.1.3　数控铣削加工工艺的主要内容

数控铣床加工工艺主要包括如下内容：
(1) 选择适合在数控铣床上加工的零件，确定工序内容。
(2) 分析被加工零件的图纸，明确加工内容及技术要求。
(3) 确定零件的加工方案，制定数控铣削加工工艺路线。如划分工序、安排加工顺序，处理与非数控加工工序的衔接等。
(4) 数控铣削加工工序的设计。如选取零件的定位基准、夹具方案的确定、工步划分、刀具选择和确定切削用量等。
(5) 数控铣削加工程序的调整。如选取对刀点和换刀点、确定刀具补偿及确定加工路线等。

2.1.4　数控铣削加工工艺的制定

一、加工工艺分析

针对数控铣削加工的特点，下面列举一些经常遇到的工艺性问题作为对零件图进行工艺性分析的要点来加以分析与考虑。

(1) 图纸尺寸的标注方法是否方便编程？构成零件轮廓图形的各种几何元素的条件是否充分必要？各几何元素的相互关系(如相切、相交、垂直和平行等)是否明确？有无引起矛盾的多余尺寸或影响工序安排的封闭尺寸？等等。

(2) 零件尺寸所要求的加工精度、尺寸公差是否都可以得到保证？

(3) 内槽及缘板之间的内转接圆弧是否过小？

(4) 零件铣削面的槽底圆角或腹板与缘板相交处的圆角半径 r 是否太大?

(5) 零件图中各加工面的凹圆弧(R 与 r)是否过于零乱,是否可以统一?

(6) 零件上有无统一基准以保证两次装夹加工后其相对位置的正确性?哪些部位最容易变形?

(7) 分析零件的形状及原材料的热处理状态,会不会在加工过程中变形?

二、工序和装夹方案的确定

1. 加工工序的划分

经常使用的有以下几种方法:刀具集中分序法,粗、精加工分序法,加工部位分序法。

2. 零件装夹和夹具的选择

在数控加工中,既要保证加工质量,又要减少辅助时间,提高加工效率。因此要注意选用能准确和迅速定位并夹紧工件的装夹方法和夹具。零件的定位基准应尽量与设计基准及测量基准重合,以减少定位误差。在数控铣床上的工件装夹方法与普通铣床一样,所使用的夹具往往并不很复杂,只要有简单的定位、夹紧机构就行。为了不影响进给和切削加工,在装夹工件时一定要将加工部位敞开。选择夹具时应尽量做到在一次装夹中将零件要求加工的表面都加工出来。

三、刀具的选择

1. 对刀具的基本要求

(1) 铣刀刚性要好。要求铣刀刚性好的目的,一是为满足提高生产效率而采用大切削用量的需要,二是为适应数控铣床加工过程中难以调整切削用量的特点。在数控铣削中,因铣刀刚性较差而断刀并造成零件损伤的事例是经常有的,所以解决数控铣刀的刚性问题是至关重要的。

(2) 铣刀的耐用度要高。当一把铣刀的加工内容很多时,如果刀具磨损较快,不仅会影响零件的表面质量和加工精度,而且会增加换刀与对刀次数,从而导致零件加工表面留下因对刀误差而形成的接刀台阶,降低零件的表面质量。

除上述两点之外,铣刀切削刃的几何角度参数的选择与排屑性能等也非常重要。切屑粘刀形成积屑瘤在数控铣削中是十分忌讳的。总之,根据被加工工件材料的热处理状态、切削性能及加工余量,选择刚性好、耐用度高的铣刀,是充分发挥数控铣床的生产效率并获得满意加工质量的前提条件。

2. 常用铣刀的种类

数控铣削常用铣刀有:面铣刀、立铣刀、模具铣刀、键槽铣刀、鼓形铣刀、玉米铣刀、成形铣刀等。

3. 铣刀的选择

铣刀类型应与被加工工件的表面形状与尺寸相适应。加工较大的平面应该选择面铣刀;加工凹槽、较小的台阶面及平面轮廓应选择立铣刀;曲面加工常采用球头铣刀;加工曲面较平坦的部位常采用环形铣刀;加工空间曲面、模具型腔或凸模成形表面多选用模具铣刀;

加工封闭的键槽选择键槽铣刀；加工变斜角零件的变斜角面应选用鼓形铣刀；加工各种直的或圆弧形的凹槽、斜角面、特殊孔等应选用成形铣刀；加工毛坯表面或粗加工孔可选择镶硬质合金的玉米铣刀。数控铣床上使用最多的是可转位面铣刀和立铣刀。

四、加工顺序和进给路线的确定

1. 加工顺序的安排

在安排数控铣削加工工序的顺序时应注意以下问题：

(1) 上道工序的加工不能影响下道工序的定位与夹紧，中间穿插有通用机床加工工序的也要综合考虑。

(2) 一般先进行内形内腔加工工序，后进行外形加工工序。

(3) 以相同定位、夹紧方式或同一把刀具加工的工序，最好连续进行，以减少重复定位次数与换刀次数。

(4) 在同一次安装中进行的多道工序，应先安排对工件刚性破坏较小的工序。

总之，顺序的安排应根据零件的结构和毛坯状况，以及定位安装与夹紧的需要综合考虑。

2. 进给路线的确定

1) 铣削平面类零件的进给路线

铣削平面类零件外轮廓时，一般采用立铣刀侧刃进行切削。为减少接刀痕迹，保证零件表面质量，对刀具的切入和切出程序需要精心设计。

铣削外表面轮廓时，铣刀的切入和切出点应沿零件轮廓曲线的延长线上切入和切出零件表面，而不应沿法向直接切入零件，以避免加工表面产生划痕，保证零件轮廓光滑。

铣削封闭的内轮廓表面时，若内轮廓曲线允许外延，则应沿切线方向切入切出。若内轮廓曲线不允许外延则刀具只能沿内轮廓曲线的法向切入切出，并将其切入、切出点选在零件轮廓两几何元素的交点处。当内部几何元素相切无交点时，为防止刀补取消时在轮廓拐角处留下凹口，刀具切入切出点应远离拐角。

2) 铣削曲面类零件的加工路线

在机械加工中，常会遇到各种曲面类零件，如模具、叶片、螺旋桨等。由于这类零件形面复杂，需用多坐标联动加工，因此多采用数控铣床、数控加工中心进行加工。

(1) 直纹面加工。对于边界敞开的直纹曲面，加工时常采用球头刀进行"行切法"加工，即刀具与零件轮廓的切点轨迹是一行一行的，行间距按零件加工精度要求确定。

(2) 曲面轮廓加工。立体曲面加工应根据曲面形状、刀具形状以及精度要求采用不同的铣削方法。

行切法加工一般是 X、Y、Z 三轴中任意两轴作联动插补，第三轴做单独的周期进刀，称为两轴半坐标联动。

用球头铣刀加工曲面时，总是用刀心轨迹的数据进行编程的。

五、切削用量的选择

铣削加工的切削用量包括：切削速度、进给速度、背吃刀量和侧吃刀量。从刀具耐用度出发，切削用量的选择方法是：先选择背吃刀量或侧吃刀量，其次选择进给速度，最后确定切削速度。

1. 背吃刀量 a_p 或侧吃刀量 a_e

背吃刀量或侧吃刀量的选取主要由加工余量和对表面质量的要求决定：

(1) 当工件表面粗糙度值要求为 Ra = 12.5～25 μm 时，如果圆周铣削加工余量小于 5 mm，端面铣削加工余量小于 6 mm，粗铣一次进给就可以达到要求。但是在余量较大，工艺系统刚性较差或机床动力不足时，可分为两次进给完成。

(2) 当工件表面粗糙度值要求为 Ra = 3.2～12.5 μm 时，应分为粗铣和半精铣两步进行。粗铣时背吃刀量或侧吃刀量选取同前。粗铣后留 0.5～1.0 mm 余量，在半精铣时切除。

(3) 当工件表面粗糙度值要求为 Ra = 0.8～3.2 μm 时，应分为粗铣、半精铣、精铣三步进行。半精铣时背吃刀量或侧吃刀量取 1.5～2 mm；精铣时，圆周铣侧吃刀量取 0.3～0.5 mm，面铣刀背吃刀量取 0.5～1 mm。

2. 进给量 f 与进给速度 v_f 的选择

铣削加工的进给量 f(mm/r)是指刀具转一周，工件与刀具沿进给运动方向的相对位移量；进给速度 v_f(mm/min)是单位时间内工件与铣刀沿进给方向的相对位移量。进给速度与进给量的关系为 $v_f = nf$(n 为铣刀转速，单位为 r/min)。进给量与进给速度是数控铣床加工切削用量中的重要参数，根据零件的表面粗糙度、加工精度要求、刀具及工件材料等因素，参考切削用量手册选取或通过选取每齿进给量 f_z，再根据公式 $f = Zf_z$(Z 为铣刀齿数)计算。

每齿进给量 f_z 的选取主要依据工件材料的力学性能、刀具材料、工件表面粗糙度等因素。工件材料强度和硬度越高，f_z 越小；反之则越大。硬质合金铣刀的每齿进给量高于同类高速钢铣刀。工件表面粗糙度要求越高，f_z 就越小。工件刚性差或刀具强度低时，应取较小值。

3. 切削速度 v_c

铣削的切削速度 v_c 与刀具的耐用度、每齿进给量、背吃刀量、侧吃刀量以及铣刀齿数成反比，而与铣刀直径成正比。为提高刀具耐用度，允许使用较低的切削速度。但是加大铣刀直径则可改善散热条件，可以提高切削速度。

一般根据已经选定的背吃刀量、进给量及刀具耐用度选择切削速度。可用经验公式计算，也可根据生产实践经验，在机床说明书允许的切削速度范围内查阅有关切削用量手册或参考表选取。

2.2　经典实例介绍

2.2.1　简单平面外轮廓的数控铣削加工

一、项目任务书

如图 2-4 所示平面外轮廓——凸模零件，材料为 45 钢，已经完成了轮廓粗加工，加工余量较小(单侧约 0.2 mm)，只需要完成成形部位，即凸台轮廓的精加工，顶面不需加工。

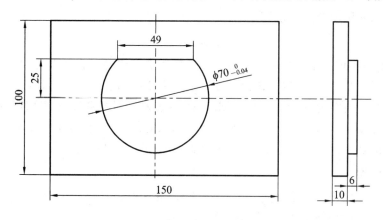

图 2-4　平面外轮廓——凸模零件

二、加工工艺分析

该零件仅包含了一个平面外形轮廓的加工，构成轮廓的基点间各几何要素轮廓清晰，条件充分。凸台直径尺寸要求公差为 0.04 mm，普通数控铣床加工即可达到。直径尺寸的上偏差为 0，可直接按基本尺寸编程，精铣时通过调整刀补来达到公差要求。

三、加工设备选择

一般三轴数控铣床即可满足加工要求。

四、加工工艺制定

1. 工件坐标系原点

以圆柱顶面，即工件最高面为 Z 轴原点，以工件顶面对称中心作为 X、Y 轴坐标原点。

2. 工件装夹

工件加工采用平口台虎钳装夹。

(1) 平口台虎钳在机床上的装夹。平口台虎钳安装在工作台上，找正平口台虎钳的固定钳口，使固定钳口与工作台的一个导轨的进给方向平行，即以固定钳口为基准，校正台虎钳在工作台上的位置，使平口台虎钳在机床上定位，用 T 形螺栓把平口台虎钳夹紧在工作台上。

(2) 工件在平口台虎钳上的装夹。平口台虎钳的固定钳口是夹具的定位表面。将工件装夹在钳口中央(不要放在钳口的一侧，以防夹持不稳)，工件的侧面靠在固定钳口上，底面由平行垫铁支承，使工件顶面高出钳口约 8 mm，保证加工部位全部敞开。工件顶面不宜高出钳口过多，以防在切削时受切削力的影响产生振动。

(3) 平口台虎钳夹紧后，为了保证定位可靠，应确保工件的底面与平行垫铁可靠贴合。应采用适当的夹紧力夹紧工件，夹紧力不宜过大，以防造成工件变形，也不宜过小，以防引起松动。

3. 刀具选择

采用φ10 mm 硬质合金立铣刀。

4. 切削用量

进给速度 v_f 可根据工件材料、刀具材料查阅相关表格并结合相关公式计算得到。在粗加工时，主要目的为去除余量，进给速度可取较大值；精加工时，为保证加工精度，进给速度可取小值。主轴转速 n 也是通过查阅表格由工件和刀具材料选取切削速度推荐值，再根据刀具直径由公式计算得到的。本例经计算并结合实际加工经验，取主轴转速 $n = 1200$ r/min，进给速度 $f = 50$ mm/min，背吃刀量 $a_p = 6$ mm，可获得较好的表面质量。

5. 刀具补偿

半径补偿号取 D01，补偿值首次可设为 5.1，留有精加工余量，精铣时通过测量粗加工后的直径尺寸并结合所要求的尺寸精度计算得到。

6. 确定工件铣削加工方式及进给路线

考虑顺铣和逆铣的不同特点，精加工时为获得好的表面质量，采用顺铣安排进给路线，即刀具相对于凸台轮廓沿顺时针方向进给。由于组成该零件轮廓的几何要素比较简单，是一段圆弧和直线，因此在加工过程中仅需注意刀具相对工件的切入切出，为保证工件表面质量，避免产生接刀痕，应沿零件轮廓切线方向切入。对于本零件的加工，可以沿其直线段的延长线方向切入，并由其延长线方向切出。

五、编程与仿真

零件仿真加工的走刀轨迹和加工效果如图 2-5 所示。

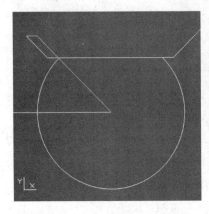 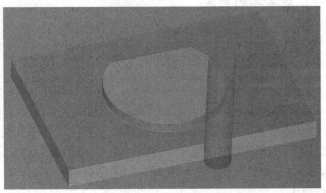

(a) 走刀轨迹　　　　　　　　　　　　　　(b) 加工效果

图 2-5　简单平面外轮廓零件的仿真加工

六、评分标准

简单平面外轮廓零件的数控铣削加工工艺评分标准如表 2-1 所示。

表 2-1　简单平面外轮廓零件的数控铣削加工工艺评分标准

序号	项目与技术要求	配分	评 分 标 准	自评	师评
1	工艺分析正确性及充分性	20	1. 工艺分析正确且充分，17-20 分； 2. 工艺分析基本正确，有个别不合适或遗漏，12-16 分； 3. 工艺分析较差，0-11 分		
2	装夹方案正确性及分析合理性	20	1. 装夹方案正确且有合理分析，17-20 分； 2. 装夹方案正确但无分析或者分析不合适，12-16 分； 3. 装夹方案不大正确或描述不清楚，0-11 分		
3	刀具和切削用量选用合适性	20	1. 刀具和切削用量选用较合适 17-20 分； 2. 刀具和切削用量选用有部分不合适 12-16 分； 3. 刀具选用合理性较差，0-11 分		
4	铣削方式选择正确性及进给路线合适性	20	1. 铣削方式选择正确、进给路线合适，17-20 分； 2. 铣削方式选择及进给路线安排有个别不合适之处，12-16 分； 3. 铣削方式选择及进给路线不大合适，0-11 分		
5	加工程序和仿真刀轨正确性	20	1. 加工程序和仿真刀轨基本正确，17-20 分； 2. 加工程序和仿真刀轨有个别不合适之处，12-16 分； 3. 加工程序和仿真刀轨有多处错误，0-11 分		
6	合　　计	100	总　　分		

2.2.2　圆槽型腔的数控铣削加工

一、项目任务书

要加工的零件如图 2-6 所示，需铣削 ϕ50 mm × 12 mm 圆型腔，材料为 45 钢，工件外圆及上下表面已加工完毕，尺寸见图。

二、加工工艺分析

该零件仅包含一圆型腔的铣削，为平面内轮廓的加工，轮廓形状简单。尺寸精度要求不算高，直径尺寸和深度尺寸的公差均为 0.05 mm，普通数控铣床加工都能达到。直径尺寸的下偏差为 0，可直接按基本尺寸编程，精铣时通过调整刀补数值来达到公差要求；深度尺寸的下偏差为 0，不必将其转变为对称公差，粗铣时深度可留 0.2 mm 余量，精铣时通过测量尺寸并计算后修改程序中的铣削深度来达到公差要求。

圆腔挖空，一般从圆心开始，根据所用刀具，可以预钻一孔，以便于下刀，也可以采用螺旋下刀或坡走下刀。挖腔加工多用立铣刀或键槽铣刀。如图 2-7 所示，挖腔时刀具快速定位到 R 点，从 R 点转入切削进给，先铣一层，切深为 Q，在一层中，刀具按宽度(行距) H

进给，按圆弧走刀，H 值的选取应小于刀具直径，以免留下残留面积，实际加工中，根据情况选取。依次进给，直至腔的尺寸。加工完一层后，刀具快速回到孔中心，再轴向下移(层距)，加工下一层，直至到达孔底尺寸。最后，快速退刀，离开孔腔。

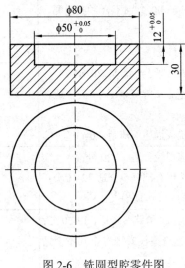

图 2-6　铣圆型腔零件图

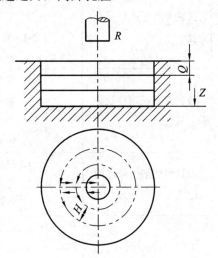

图 2-7　圆型腔铣削路线

三、加工设备选择

一般三轴数控铣床即可满足加工要求。

四、加工工艺制定

1. 工件坐标系原点

由于该工件为对称图形，因此以工件上表面与其回转中心线交点为加工坐标系原点。

2. 工件装夹

采用三爪自定心卡盘装夹工件。

(1) 用 T 形螺栓把三爪自定心卡盘夹紧在工作台上。

(2) 三爪自定心卡盘是定心夹紧装置。用三爪自定心卡盘的三个卡爪定位并夹紧工件，工件外圆是其定位表面，为确保夹紧可靠，装夹高度不宜高出卡爪过多。

(3) 为保证加工过程中工件精度达到要求，必须确保工件的定位基准面保持水平，这就需要操作人员在夹紧过程中进行测量，对夹紧力的大小进行调整。

(4) 若需要保证外圆表面的精度，卡爪可改用"软爪"。

3. 刀具选择

根据型腔的大小，选择合适的刀具，粗精铣加工都可选φ16 mm 高速钢键槽铣刀。键槽铣刀端面刃通过中心，加工时可直接沿刀具轴向下刀，铣内腔时无需预钻孔。

4. 切削用量

进给速度 v_f 应根据工件材料、刀具材料查阅相关表格并结合相关公式计算得到。在粗加工时，主要为去除余量，进给速度可取较大值(100～200 mm/min)；精加工时，为保证加工精度，进给速度可取小值(30～80 mm/min)。主轴转速 n 也是通过查阅表格由工件和刀具材料选取切削速度推荐值，再根据刀具直径由公式计算确定的。背吃刀量粗铣时前面几层每次 2 mm，最后一层槽深留 0.2 mm 余量；精铣时前几层每层 4 mm，最后一层通过测量深度尺寸并计算后修改程序中的铣削深度来达到图中尺寸要求。

5．刀具补偿

半径补偿号取 D01，补偿值粗铣时可设为 8.1，留有精加工余量，精铣时通过测量粗加工后的直径尺寸并结合所要求的尺寸精度计算而得到。

6．确定工件加工方式及进给路线

粗加工时，刀具从圆心上方开始，由工件上表面 2mm 处开始切削，一次 Z 向切深为 2 mm。一次铣削后有较大余量，再横向进给(移动距离为略小于刀具直径)后按圆弧走刀，最后一圈沿工件轮廓铣削，通过刀补设置留合适的精加工余量。依此方式逐层切至深度 11.8 mm(深度方向留余量 0.2 mm)后再进行尺寸测量，准备精加工。精加工时，通过尺寸测量后计算出新的刀补值，由于精加工切削厚度小，分层切削的每层 Z 向切深可大些，取 4 mm，最后一层切深按测量并计算后取值。型腔内壁精铣完成后，型腔底面中部还有一层薄的余量，再安排一圈圆弧轨迹走刀可清除全部底面余量(见后续精铣仿真图)。

粗精加工时圆弧都按逆时针方向走刀(顺铣)，可以得到较好的槽壁表面质量。

7．加工工序安排

该零件的加工工序如表 2-2 所示。

表 2-2　圆槽型腔零件的加工工序卡片

零件名称			圆槽型腔零件					
组员姓名								
材料牌号	45 钢	毛坯种类	外部及顶面已加工的圆柱料			毛坯外形尺寸		φ80 mm×30 mm
序号	工序内容		刀号	刀具规格/mm	主轴转速/(r/min)	进给速度/(mm/min)	背吃刀量/mm	备注
1	粗铣型腔内轮廓		T01	φ16	600	120	2(前 5 层)，1.8(最后 1 层)	分层铣削
2	精铣型腔内轮廓		T01	φ16	1800	60	4(每层)	分层铣削
编制		审核		日期		指导老师		

五、编程与仿真

(1) 零件粗铣仿真加工的走刀轨迹和加工效果如图 2-8 所示。

(2) 零件精铣仿真加工的走刀轨迹和加工效果如图 2-9 所示。

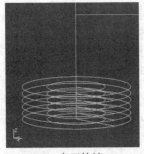
(a) 走刀轨迹

(b) 加工效果

图 2-8 圆槽型腔的粗铣仿真加工

(a) 走刀轨迹平面视图

(b) 走刀轨迹空间视图

(c) 加工效果

图 2-9 圆槽型腔的精铣仿真加工

六、评分标准

圆槽形腔零件的加工工艺评分标准如表 2-3 所示。

表 2-3 圆槽型腔零件的加工工艺评分标准

序号	项目与技术要求	配分	评 分 标 准	自评	师评
1	工艺分析正确性及充分性	20	1. 工艺分析正确且充分，17-20 分； 2. 工艺分析基本正确，有个别不合适或遗漏，12-16 分； 3. 工艺分析较差，0-11 分		
2	装夹方案正确性及刀具选用合适性	20	1. 装夹方案正确、刀具合适，且有合理分析，17-20 分； 2. 装夹方案及刀具选用较合适但无分析或者分析不合理，12-16 分； 3. 装夹方案不大正确或刀具选用不合适，0-11 分		
3	工序安排与切削用量合适性	20	1. 工序安排与切削用量较合适 17-20 分； 2. 工序安排与切削用量有部分不合适 12-16 分； 3. 工序安排与切削用量合理性较差，0-11 分		
4	工件加工方式及进给路线合适性	20	1. 工件加工方式及进给路线正确合适，17-20 分； 2. 工件加工方式及进给路线安排有个别不合适之处，12-16 分； 3. 工件加工方式及进给路线不大合适，0-11 分		
5	加工程序和仿真刀轨正确性	20	1. 加工程序和仿真刀轨基本正确，17-20 分； 2. 加工程序和仿真刀轨有个别不合适之处，12-16 分； 3. 加工程序和仿真刀轨有多处错误，0-11 分		
6	合　　计	100	总　　分		

2.2.3　简单凹槽零件的数控铣削加工

一、项目任务书

如图 2-10 所示零件，毛坯为 70 mm × 70 mm × 18 mm 板材，材料为 45 钢，六面已加工过，要求数控铣出图中所示的槽，单件生产。

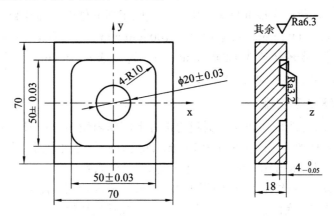

图 2-10　简单凹槽零件图

二、加工工艺分析

该零件包含了凹槽与外轮廓的加工，槽底平面的表面粗糙度为 3.2 μm，外轮廓与凹槽侧面的表面粗糙度为 6.3 μm，要求不高，一般数控铣通过粗铣加精铣即可达到。50 mm × 50 mm 带圆角的凹槽轮廓和 φ20 mm 圆凸台轮廓的尺寸公差为对称公差，可直接按基本尺寸编程，精铣时通过调整刀补来达到公差要求；凹槽深度尺寸的上偏差为零，不必将其转变为对称公差，粗铣时深度留适当余量，精铣时通过测量修改铣削深度来达到公差要求。

三、加工设备选择

根据零件图样要求，选用普通经济型数控铣床即可达到要求。

四、加工工艺制定

1. 确定装夹方案

以已加工过的底面为定位基准，用通用机用平口虎钳夹紧工件前后两侧面，虎钳固定于铣床工作台上。装夹时，工件下方应用平行垫铁垫上，这样能更好地保证零件的平整，使加工出来的零件平行度更好。

2. 刀具选择

从图中可计算出圆形凸台外轮廓与带圆角的四边形凹槽之间的最小间隙为 15 mm，因此所采用的刀具直径不能超过 15 mm，同时也保证了刀具半径小于凹槽四角圆弧半径 R10，可采用 φ10 mm 的平底键槽铣刀，定义为 T01，并把该刀具的直径输入刀具参数表中。平底键槽铣刀端面刃过中心，可直接沿刀具轴线下刀，无需预钻孔，简化工艺。

3．确定铣削方式和走刀路线

键槽铣刀铣削平面外轮廓与内轮廓时，有顺铣和逆铣两种方式，各有优缺点，并分别适用于不同的加工情形。本例中为保证轮廓侧壁的表面光洁度，都采用顺铣。对于圆形外轮廓，顺时针整圆插补走刀；对于带圆角的四边形凹槽，沿逆时针方向进给走刀。

4．切削用量

切削用量的具体数值应根据机床性能、相关的手册并结合实际经验确定，本例中，粗加工时，主轴转速选 800 r/min，进给速度选 100 mm/min，背吃刀量(切深)选 3.8 mm，分两次完成；精加工时，主轴转速选 1200 r/min，进给速度选 80 mm/min，背吃刀量(切深)根据实际测量计算的精加工余量确定，约 4 mm。

5．工步顺序及工艺安排

(1) 粗铣圆形凸台外轮廓和四角倒圆的正方形凹槽内轮廓。左刀具半径补偿，设置补偿值为 5.1 mm，为精加工侧壁留余量 0.1 mm；深度方向分两次走刀，第一次走刀深度设为 1.9 mm，第二次改成 3.8 mm，为精加工底面留 0.2 mm 余量。

(2) 精铣圆形凸台外轮廓和四角倒圆的正方形凹槽内轮廓。测量相关尺寸，精确计算精加工的侧壁余量和槽底面余量，分别修改刀具半径补偿数值和切深，进行精加工。

(3) 重复第(2)步，直到各尺寸精度达到图中所要求的为止。

工序安排见表 2-4。

表 2-4　简单凹槽零件的加工工序卡片

零件名称				简单凹槽零件				
组员姓名								
材料牌号	45 钢	毛坯种类		外表面已加工好的板材		毛坯外形尺寸		70 mm × 70 mm × 18 mm
序号	工序内容		刀号	刀具规格 /mm	主轴转速 /(r/min)	进给速度 /(mm/min)	背吃刀量 /mm	备注
1	粗铣圆形凸台外轮廓和带圆角的正方形凹槽内轮廓		T01	φ10	800	100	1.9	分两层切削
2	精铣圆形凸台外轮廓和带圆角的正方形凹槽内轮廓		T01	φ10	1200	80	4	
编制			审核		日期		指导老师	

五、编程与仿真

(1) 零件粗铣仿真加工的走刀轨迹和加工效果如图 2-11 所示。

(2) 零件精铣仿真加工的走刀轨迹和加工效果与粗加工完全类似，此处不再列出。

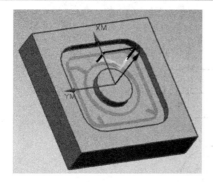

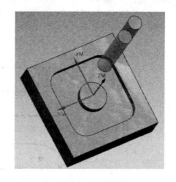

(a) 走刀轨迹   (b) 加工效果

图 2-11 简单凹槽零件的粗铣仿真加工

六、评分标准

简单凹槽零件的数控铣削加工工艺评分标准如表 2-5 所示。

表 2-5 简单凹槽零件的数控铣削加工工艺评分标准

序号	项目与技术要求	配分	评 分 标 准	自评	师评
1	工艺分析正确性及充分性	20	1. 工艺分析正确且充分，17-20 分； 2. 工艺分析基本正确，有个别不合适或遗漏，12-16 分； 3. 工艺分析较差，0-11 分		
2	装夹方案正确性及刀具选用合适性	20	1. 装夹方案正确、刀具合适，且有合理分析，17-20 分； 2. 装夹方案及刀具选用较合适但无分析或者分析不完整合理，12-16 分； 3. 装夹方案不大正确或刀具选用不合适，0-11 分		
3	铣削方式和走刀路线合适性	20	1. 铣削方式和走刀路线合适，且分析合理，17-20 分； 2. 铣削方式和走刀路线有个别不合适之处，12-16 分； 3. 铣削方式和走刀路线不大合适，0-11 分		
4	工序安排与切削用量合适性	20	1. 工序安排与切削用量较合适 17-20 分； 2. 工序安排与切削用量有部分不合适 12-16 分； 3. 工序安排与切削用量合理性较差，0-11 分		
5	加工程序和仿真刀轨正确性	20	1. 加工程序和仿真刀轨基本正确，17-20 分； 2. 加工程序和仿真刀轨有个别不合适之处，12-16 分； 3. 加工程序和仿真刀轨有多处错误，0-11 分		
6	合　计	100	总　分		

2.2.4 简单外轮廓及十字槽零件的数控铣削加工

一、项目任务书

加工如图 2-12 所示零件，毛坯为 80 mm × 80 mm × 23 mm 方块料，材料为 45 钢，单

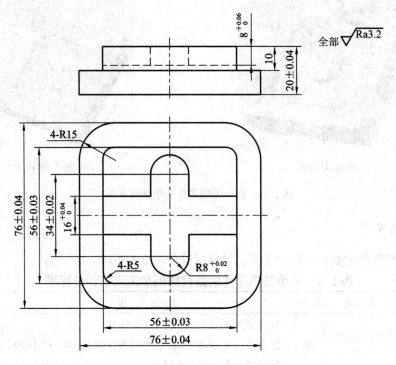

图 2-12　简单外轮廓及十字槽零件图

二、加工工艺分析

该零件包含了平面、外形轮廓、沟槽的加工，表面粗糙度全部为 3.2 μm。76 mm×76 mm 外形轮廓和 56 mm×56 mm 凸台轮廓的尺寸公差为对称公差，可直接按基本尺寸编程；十字槽中的两宽度尺寸的下偏差都为零，因此不必将其转变为对称公差，直接通过调整刀补来达到公差要求。

根据零件的要求，上、下表面采用立铣刀粗铣→精铣完成；其余表面采用立铣刀粗铣→精铣完成。

三、加工设备选择

根据零件图样要求，选用普通经济型数控铣床即可。

四、加工工艺制定

1. 确定装夹方案

该零件为单件生产，且零件外形为长方体，可选用平口虎钳装夹。考虑毛坯高度不够，装夹中工件下面需使用平行垫铁，使加工部位高出钳口平面。

2. 选择刀具

刀具选择见表 2-6。

表 2-6　简单外轮廓及十字槽零件数控加工刀具卡片

零件名称				简单外轮廓及十字槽零件
序号	刀具编号	刀具规格、名称	数量	备　注
1	T01	φ16 mm 立铣刀(3 齿)	1	高速钢，粗铣底面、上表面和外轮廓
2	T02	φ16 mm 立铣刀(4 齿)	1	硬质合金，精铣底面、上表面和外轮廓
3	T03	φ12 mm 立铣刀(4 齿)	1	高速钢，粗、精铣上表面的十字槽
编制		审核	日期	指导老师

3．安排工步顺序及工艺

加工工艺见表 2-7。

表 2-7　简单外轮廓及十字槽零件数控加工工序卡片

零件名称			简单外轮廓及十字槽零件					
组员姓名								
材料牌号	45 钢	毛坯种类	方块料		毛坯外形尺寸		80 mm × 80 mm × 23 mm	
序号	工序内容		刀号	主轴转速 /(r/min)	进给速度 /(mm/min)	背吃刀量 /mm	侧吃刀量 /mm	备注
装夹 1：底部加工								
1	粗铣底面		T01	400	120	1.3	11	
2	底部外轮廓粗加工		T01	400	120	10	1.7	
3	精铣底面		T02	2000	250	0.2	11	
4	底部外轮廓精加工		T02	2000	250	10	0.3	
装夹 2：顶部加工								
1	粗铣上表面		T01	400	120	1.3	11	
2	凸台外轮廓粗加工		T01	400	100	9.8	11.7	
3	精铣上表面		T02	2000	250	0.2	11	
4	凸台外轮廓精加工		T02	2000	250	10	0.3	
5	十字槽粗加工		T03	550	120	3.9	12	
6	十字槽精加工		T03	800	80	8	0.3	
编制			审核		日期		指导老师	

4．确定进给路线

(1) 上、下表面的加工走刀路线如图 2-13 所示。

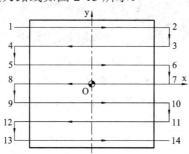

图 2-13　零件上、下表面加工走刀路线

(2) 底部和凸台外轮廓的加工走刀路线如图 2-14 所示。

(3) 十字槽的加工走刀路线如图 2-15 所示。

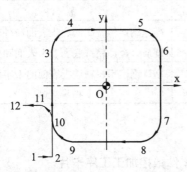
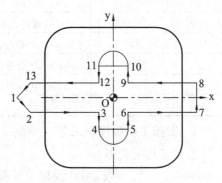

图 2-14　零件底部外轮廓和上部凸台外轮廓加工走刀路线　　图 2-15　零件十字槽加工走刀路线

五、编程与仿真

(1) 零件上下表面、外轮廓及十字槽仿真加工的走刀轨迹如图 2-16 所示。

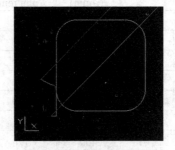
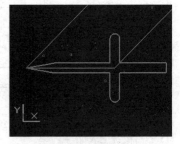

(a) 零件上、下表面仿真　　　　(b) 零件底部外轮廓仿真　　　(c) 零件十字槽仿真

加工走刀轨迹　　　　　　　　加工走刀轨迹　　　　　　　加工走刀轨迹

图 2-16　简单外轮廓及十字槽零件仿真加工走刀轨迹

(2) 零件上下表面、外轮廓及十字槽仿真加工的加工效果如图 2-17 所示。

(a) 零件底面和底部外轮廓　　　(b) 零件上表面和上部凸台　　(c) 零件上表面十字槽仿真

仿真加工的效果　　　　　　　外轮廓仿真加工的效果　　　　加工的效果

图 2-17　简单外轮廓及十字槽零件仿真加工效果

六、评分标准

简单外轮廓及十字槽零件的数控铣削加工工艺评分标准如表 2-8 所示。

表2-8　简单外轮廓及十字槽零件的数控铣削加工工艺评分标准

序号	项目与技术要求	配分	评 分 标 准	自评	师评
1	工艺分析正确性及充分性	20	1. 工艺分析正确且充分，17-20 分； 2. 工艺分析基本正确，有个别不合适或遗漏，12-16 分； 3. 工艺分析较差，0-11 分		
2	装夹方案正确性及刀具选用合适性	20	1. 装夹方案正确、刀具合适，且有合理分析，17-20 分； 2. 装夹方案及刀具选用较合适但无分析或者分析不完整合理，12-16 分； 3. 装夹方案不大正确或刀具选用不合适，0-11 分		
3	铣削方式和进给路线合适性	20	1. 铣削方式和进给路线合适，且分析合理，17-20 分； 2. 铣削方式和进给路线有个别不合适之处，12-16 分； 3. 铣削方式和进给路线不大合适，0-11 分		
4	工步顺序及工艺安排合适性	20	1. 工步顺序及工艺安排较合适 17-20 分； 2. 工步顺序及工艺安排有部分不合适 12-16 分； 3. 工步顺序及工艺安排合理性较差，0-11 分		
5	加工程序和仿真刀轨正确性	20	1. 加工程序和仿真刀轨基本正确，17-20 分； 2. 加工程序和仿真刀轨有个别不合适之处，12-16 分； 3. 加工程序和仿真刀轨有多处错误，0-11 分		
6	合　　计	100	总　　分		

2.2.5　带孔凹槽零件的数控铣削加工

一、项目任务书

　　加工如图 2-18 所示零件，毛坯为 100 mm × 100 mm × 45 mm 长方块，材料为 45 钢，批量生产。

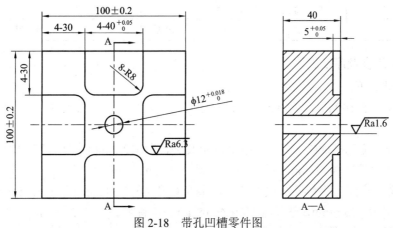

图 2-18　带孔凹槽零件图

二、加工工艺分析

　　该零件主要由四个圆弧方形凹槽以及一个通孔组成。凹槽轮廓采用数控轮廓铣加工。

在本例中，凹槽轮廓表面粗糙度要求为 Ra6.3 mm，可采用粗铣精铣方案。内孔表面的加工方法有钻孔、扩孔、铰孔、镗孔、拉孔、磨孔及光加工等，中间φ12 mm 孔的尺寸公差为 H7，表面粗糙度要求较高，可采用钻孔，铰孔方案。根据基准重合的原则，可选零件的底面为加工定位面。采用以上方法完全可以保证尺寸、形状精度和表面粗糙度要求。

该零件材料为钢，切削加工性能较好。根据分析，先粗铣加工四个凹槽后再对其进行精加工，完成后再加工通孔。同时以底面定位，提高装夹刚度以满足通孔表面的垂直度要求。

三、加工设备选择

根据零件图样要求，选用普通经济型数控铣床即可。

四、加工工艺制定

1. 确定装夹方案

该零件外形为规则的长方体，可选用机用平口虎钳装夹。装夹时工件下面使用平行垫铁，并避开中间通孔φ12 mm 的位置，以免孔加工刀具碰到坚硬的垫铁而损伤刀具。

2. 选择刀具并确定切削参数

刀具选择见表 2-9。

表 2-9　带孔凹槽零件数控加工刀具卡片

零件名称				带孔凹槽零件		
序号	刀具编号	刀具规格、名称		数量	备　注	
1	T01	φ125 mm 硬质合金端面铣刀		1	刀尖半径 0.5 mm，铣削上下表面	
2	T02	φ12 mm 硬质合金立铣刀		1	铣削凹槽轮廓	
3	T03	φ10.5 mm 麻花钻		1	钻φ12H7 的孔	
4	T04	φ12 mm 铰刀		1	铰孔	
编制		审核		日期		指导老师

3. 安排工步顺序及工艺

工序设计如下：

(1) 准备一个 100 mm × 100 mm × 45 mm 的毛坯，四侧面已加工过，长、宽已满足图中尺寸要求。

(2) 粗铣定位基准面(底面)。采用平口钳装夹，用φ125 mm 平面端铣刀，主轴转速为 180 r/min，进给速度为 40 mm/min，背吃刀量为 2 mm。

(3) 粗铣上表面。将粗铣过底面的零件翻身装夹，粗铣上表面，用φ125 mm 平面端铣刀，主轴转速为 180 r/min，进给速度为 40 mm/min，背吃刀量为 2.5 mm。

(4) 精铣上表面，用φ125 mm 平面端铣刀，主轴转速为 180 r/min，进给速度为 25 mm/min，背吃刀量为 0.5 mm。

(5) 粗铣凹槽轮廓，用φ12 mm 硬质合金立铣刀，主轴转速为 500 r/min，粗铣时的横进给率为 100 mm/min，纵向进给率为 50 mm/min，背吃刀量为 4.8 mm。左刀具半径补偿，设置补偿值为 6.1 mm，为精加工侧壁留余量 0.1 mm；深度方向不分层，一次铣到位。

(6) 精铣凹槽轮廓。测量相关尺寸，精确计算精加工的侧壁余量和槽底面余量，分别修改刀具半径补偿数值和切深，进行精加工。主轴转速为 900 r/min，进给速度为 40 mm/min，背吃刀量为 5 mm。

(7) 钻 ϕ12H7 的底孔，用 ϕ10.5 mm 的麻花钻，主轴转速为 200 r/min，进给速度为 40 mm/min，背吃刀量为 10.5 mm。

(8) 铰孔 ϕ12H7 内孔表面，使用铰刀，主轴转速为 600 r/min，进给速度为 30 mm/min。工序卡如表 2-10 所示。

表 2-10　带孔凹槽零件数控加工工序卡片

零件名称			带孔凹槽零件					
组员姓名								
材料牌号	45 钢	毛坯种类		方块料		毛坯外形尺寸		100 mm×100 mm×45 mm
序号	工序内容		刀号	刀具规格/mm	主轴转速/(r/min)	进给速度/(mm/min)	背吃刀量/mm	备注
1	粗铣定位基准面(底面)		T01	ϕ125	180	40	2	
2	粗铣上表面		T01	ϕ125	180	40	2.5	
3	精铣上表面		T01	ϕ125	180	25	0.5	
4	粗铣凹槽轮廓		T04	ϕ12	500	100	4.8	
5	精铣凹槽轮廓		T04	ϕ12	900	40	5	
6	钻 ϕ12H7 底孔		T02	ϕ12	200	40	10.5	
7	铰孔 ϕ12H7 内孔表面		T03	ϕ12	600	30		
编制			审核		日期		指导老师	

五、编程与仿真

此处只列出主要加工工序的仿真走刀轨迹和加工效果。

(1) 粗铣凹槽的仿真加工走刀轨迹及加工效果如图 2-19 所示。

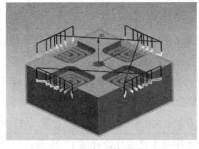 

(a) 走刀轨迹　　　　　　　　　(b) 加工效果

图 2-19　凹槽的粗铣仿真加工

(2) 精铣凹槽的仿真加工走刀轨迹及加工效果如图 2-20 所示。

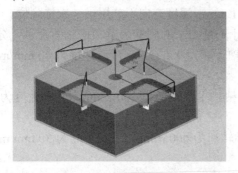
(a) 走刀轨迹

(b) 加工效果

图 2-20　凹槽的精铣仿真加工

(3) 钻 ϕ12H7 底孔的仿真加工走刀轨迹及加工效果如图 2-21 所示。

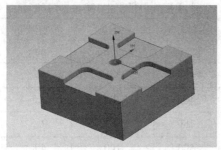
(a) 走刀轨迹

(b) 加工效果

图 2-21　钻 ϕ12H7 底孔仿真加工

六、评分标准

带孔凹槽零件的数控铣削加工工艺评分标准如表 2-11 所示。

表 2-11　带孔凹槽零件的数控铣削加工工艺评分标准

序号	项目与技术要求	配分	评 分 标 准	自评	师评
1	工艺分析正确性及充分性	20	1. 工艺分析正确且充分，17-20 分； 2. 工艺分析基本正确，有个别不合适或遗漏，12-16 分； 3. 工艺分析较差，0-11 分		
2	装夹方案正确性及刀具选用合适性	20	1. 装夹方案正确、刀具合适，且有合理分析，17-20 分； 2. 装夹方案及刀具选用较合适但无分析或者分析不完整合理，12-16 分； 3. 装夹方案不大正确或刀具选用不合适，0-11 分		
3	工步顺序及工艺安排合适性	20	1. 工步顺序及工艺安排较合适 17-20 分； 2. 工步顺序及工艺安排有部分不合适 12-16 分； 3. 工步顺序及工艺安排合理性较差，0-11 分		

续表

序号	项目与技术要求	配分	评 分 标 准	自评	师评
4	切削参数选用合理性，工艺文件规范性	20	1. 切削参数合理，工艺文件规范性较好，17-20 分； 2. 切削参数个别不合适或者工艺文件有些不规范，12-16 分； 3. 切削参数部分不合适，工艺文件规范性较差，0-11 分		
5	加工程序和仿真刀轨正确性	20	1. 加工程序和仿真刀轨基本正确，17-20 分； 2. 加工程序和仿真刀轨有个别不合适之处，12-16 分； 3. 加工程序和仿真刀轨有多处错误，0-11 分		
6	合　　计	100	总　　分		

2.2.6　较复杂的平面孔槽零件的数控铣削加工

一、项目任务书

加工如图 2-22 所示零件(单件生产)，毛坯为 150 mm × 120 mm × 50 mm 的长方体，材料为 45 钢。四周外轮廓光滑，无需再加工。

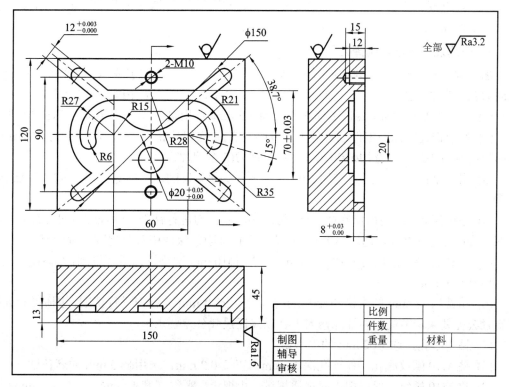

图 2-22　平面孔槽类零件

二、加工工艺分析

该零件外形规则，其结构主要包括平面、槽、孔系。被加工部分的各尺寸及形位公差、表面粗糙度值等要求一般。由图 2-22 可知零件所有加工面的粗糙度均为 3.2 μm，根据《机械制造工艺及设备设计指导手册》可知，先粗铣再精铣便可满足图纸表面粗糙度的要求。本题的难点在于保证型腔内的尺寸精度，也可以分为粗、精铣削来达到图纸要求。零件加工要素有平面、曲线、直线、圆弧、腔槽和孔加工。主要加工项目包括顶平面、底平面、型腔形状及螺纹孔。

从零件图样分析，孔的直径为 φ20 mm、型腔总宽度为 70 mm、槽宽为 12 mm，都标注有尺寸公差，粗加工应留合适余量，精加工时通过测量尺寸并修改刀补来达到尺寸精度要求；槽的深度 8 mm 有正公差 0.03 mm，粗铣时应留合适余量，精铣时通过测量并修改切削深度使之达到要求的尺寸精度即可。

三、加工设备选择

根据零件图样要求，选用普通经济型数控铣床即可。

四、加工工艺制定

1. 确定装夹方案

该零件外形规则，方便装夹，且是单件生产，采用通用的机用平口虎钳装夹即可。装夹时，工件下方应垫上合适高度的标准垫铁，这样能保证零件的平整，使加工出来的平面之间的平行度更好。

2. 安排加工顺序，选择刀具

加工顺序的选择直接影响到零件的加工质量、生产效率和加工成本。按照基面先行、先面后孔、先主后次、先粗后精的原则结合图样分析，对加工工序进行如下安排：

(1) 铣削粗基准平面，保证表面粗糙度为 3.2 μm，选用 φ100 mm 可转位铣刀(5 个刀片)。

(2) 将粗铣过底面的零件翻身装夹，铣削上表面(先粗后精)，保证厚度尺寸为 45 mm，表面粗糙度为 3.2 μm，选用 φ100 mm 可转位铣刀(5 个刀片)。

(3) 粗铣深 8 mm 的内槽，选用 φ10 mm 键槽铣刀进行铣削，刀补设为 5.1，深度留 0.5 mm 余量。

(4) 精铣深 8 mm 的内槽底面，选用 φ10 mm 立铣刀进行铣削，保证深度尺寸公差；精铣深 8 mm 的内槽侧壁，选用 φ10 mm 立铣刀进行铣削，保证槽宽及型腔总宽的尺寸公差。

(5) 粗铣深 13 mm 的内槽和 φ20 mm 孔，选用 φ10 mm 键槽铣刀进行铣削，刀补设为 5.1，深度留 0.5 mm 余量。

(6) 精铣深 13 mm 的内槽和 φ20 mm 孔，选用 φ10 mm 立铣刀进行铣削，因 φ20 mm 孔有直径公差要求，需测量并计算修改刀补以保证尺寸公差要求。

(7) 钻中心孔，选用 φ2 mm 的中心钻。

(8) 钻 M10 螺纹底孔，保证孔深 15 mm，正负 0.2 mm，选用 φ8.5 mm 的麻花钻。

(9) 攻 M10 螺纹，保证螺纹塞规通规过、止规止，螺纹深度 12 mm，公差 0.2 mm，选用 M10 丝锥。

(10) 去尖边毛刺。

3. 拟定刀具卡

刀具的选择是数控加工中重要的工艺内容之一，它不仅影响机床的加工效率，而且直接影响加工质量。编程时选择刀具通常要考虑机床的加工能力、工序内容、工件材料等因素。

刀具选择如表 2-12 所示。

表 2-12 平面孔槽零件数控加工刀具卡片

零件名称		平面孔槽零件		
序号	刀具编号	刀具规格、名称	数量	备 注
1	T01	φ100 mm 可转位铣刀(5 个合金刀片)	1	铣平面
2	T02	φ10 mm 键槽铣刀(合金)	1	内槽型腔粗铣
3	T03	φ10 mm 立铣刀(合金)	1	内槽型腔精铣
4	T04	φ2 mm 中心钻(高速钢)	1	钻中心孔
5	T05	φ8.5 mm 麻花钻(合金)	1	钻螺纹底孔
6	T06	M10 mm 丝锥(合金)	1	攻 M10 螺纹
编制		审核	日期	指导老师

4. 拟定加工工序卡

把零件加工顺序、所采用的刀具和切削用量等参数编入表 2-13 所示的数控加工工序卡片中，以指导编程和加工操作。

表 2-13 平面孔槽零件数控加工工序卡片

零件名称			平面孔槽零件					
组员姓名								
材料牌号	45 钢	毛坯种类	方块料		毛坯外形尺寸		150 mm × 120 mm × 50 mm	
序号	工序内容		刀号	刀具规格/mm	主轴转速/(r/min)	进给速度/(mm/min)	背吃刀量/mm	备注
1	铣削粗基准平面		T01	φ100	600	150	约 2.5	所有需要保证尺寸公差的精铣工序的背吃刀量和刀具半径补偿值都需要测量并计算后确定
2	铣削上表面		T01	φ100	粗铣：600 精铣：1000	粗铣：150 精铣：100	约 2.5	
3	粗铣深 8 mm 内槽		T02	φ10	1200	200	4 3.5	
4	精铣深 8 mm 内槽		T03	φ10	1500	150	约 0.5	
5	粗铣深 13 mm 内槽		T02	φ10	1200	200	6.5 6	
6	精铣深 13 mm 内槽和 φ20 mm 孔腔		T03	φ10	1500	150	约 0.5	
7	钻中心孔		T04	φ2	1200	150	2	
8	钻螺纹底孔		T05	φ8.5	650	120	8.5	
9	攻 M10 螺纹		T06	M10	200	300		
编制			审核		日期		指导老师	

五、编程与仿真

(1) 粗铣基准平面(底面)，仿真加工的走刀轨迹及加工效果图略。

(2) 铣削上平面，保证厚度尺寸为 45 mm，仿真加工的走刀轨迹及加工效果图略。

(3) 粗铣深 8 mm 的内槽，仿真加工的走刀轨迹及加工效果见图 2-23。

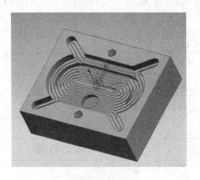

　　　　(a) 走刀轨迹　　　　　　　　　　　(b) 加工效果

图 2-23　深 8 mm 的内槽粗铣仿真加工

(4) 精铣深 8 mm 内槽底面的仿真加工的走刀轨迹及加工效果如图 2-24 所示。

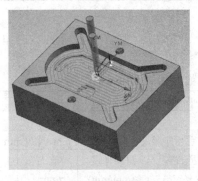
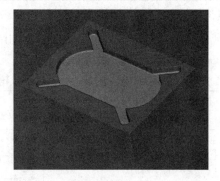

　　　　(a) 走刀轨迹　　　　　　　　　　　(b) 加工效果

图 2-24　深 8 mm 的内槽底面精铣仿真加工

(5) 精铣深 8 mm 内槽侧壁的仿真加工的走刀轨迹及加工效果如图 2-25 所示。

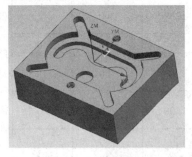
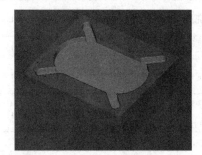

　　　　(a) 走刀轨迹　　　　　　　　　　　(b) 加工效果

图 2-25　深 8 mm 的内槽侧壁精铣仿真加工

(6) 粗铣深 13 mm 的内槽和φ20 mm 孔的仿真加工走刀轨迹及加工效果如图 2-26 所示。

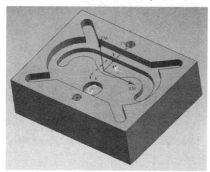
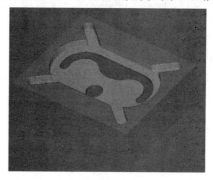

(a) 走刀轨迹　　　　　　　　　　　　　　　　(b) 加工效果

图 2-26　粗铣深 13 mm 的内槽和φ20 mm 孔的仿真加工

(7) 精铣深 13 mm 的内槽和φ20 mm 孔的仿真加工的走刀轨迹及加工效果如图 2-27 所示。

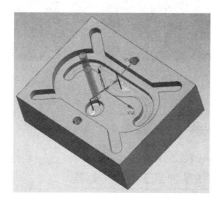
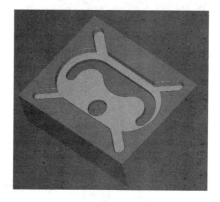

(a) 走刀轨迹　　　　　　　　　　　　　　　　(b) 加工效果

图 2-27　精铣深 13 mm 的内槽和φ20 mm 孔的仿真加工

(8) 钻中心孔仿真加工的走刀轨迹及加工效果如图 2-28 所示。

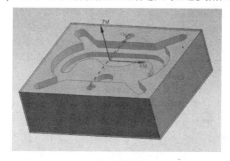
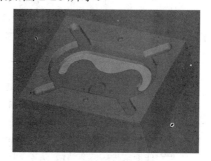

(a) 走刀轨迹　　　　　　　　　　　　　　　　(b) 加工效果

图 2-28　钻中心孔的仿真加工

(9) 钻螺纹底孔仿真加工的走刀轨迹及加工效果如图 2-29 所示。

(10) 攻 M10 螺纹仿真加工的走刀轨迹及加工效果如图 2-30 所示。

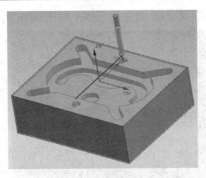
(a) 走刀轨迹

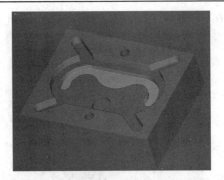
(b) 加工效果

图 2-29　钻螺纹底孔的仿真加工

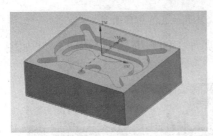
(a) 走刀轨迹

(b) 加工效果

图 2-30　攻 M10 螺纹的仿真加工

六、评分标准

平面孔槽零件的数控铣削加工工艺评分标准如表 2-14 所示。

表 2-14　平面孔槽零件的数控铣削加工工艺评分标准

序号	项目与技术要求	配分	评 分 标 准	自评	师评
1	工艺分析正确性及充分性	20	1. 工艺分析正确且充分，17-20 分； 2. 工艺分析基本正确，有个别不合适或遗漏，12-16 分； 3. 工艺分析较差，0-11 分		
2	装夹方案正确性及刀具选用合适性	20	1. 装夹方案正确、刀具合适，且有合理分析，17-20 分； 2. 装夹方案及刀具选用较合适但无分析或者分析不完整合理，12-16 分； 3. 装夹方案不大正确或刀具选用不合适，0-11 分		
3	工步顺序及工艺安排合适性	20	1. 工步顺序及工艺安排较合适 17-20 分； 2. 工步顺序及工艺安排有部分不合适 12-16 分； 3. 工步顺序及工艺安排合理性较差，0-11 分		
4	切削参数选用合理性，工艺文件规范性	20	1. 切削参数合理，工艺文件规范性较好，17-20 分； 2. 切削参数个别不合适或者工艺文件有些不规范，12-16 分； 3. 切削参数部分不合适，工艺文件规范性较差，0-11 分		
5	加工程序和仿真刀轨正确性	20	1. 加工程序和仿真刀轨基本正确，17-20 分； 2. 加工程序和仿真刀轨有个别不合适之处，12-16 分； 3. 加工程序和仿真刀轨有多处错误，0-11 分		
6	合　　计	100	总　　分		

2.2.7 较复杂的凸台孔槽零件的数控铣削加工

一、项目任务书

一凸台孔槽零件——腰形槽底板如图 2-31 所示，按单件生产安排其数控铣削工艺。毛坯尺寸为(100±0.027) mm×(80±0.023) mm×20 mm；长度方向侧面对宽度侧面及底面的垂直度公差为 0.03 mm；零件材料为 45 钢，表面粗糙度为 3.2 μm。

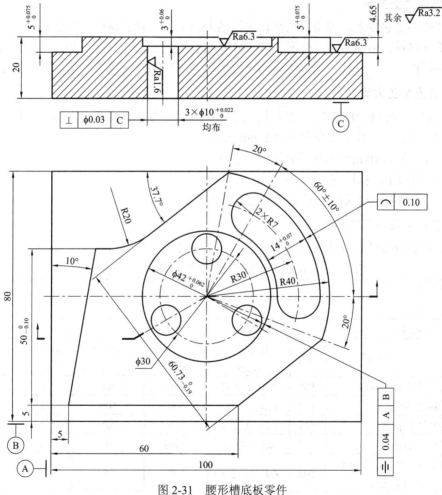

图 2-31 腰形槽底板零件

二、加工工艺分析

该零件包含了外形轮廓、圆形槽、腰形槽和孔的加工，有较高的尺寸精度和垂直度、对称度等形位精度要求。数控加工编程前必须详细分析图纸中各部分的加工方法及走刀路线，选择合理的装夹方案和加工刀具，保证零件的加工精度要求。

零件外形轮廓中的 50 和 60.73 两尺寸的上偏差都为零，可不必将其转变为对称公差，直接通过调整刀补来达到公差要求；3×φ10 mm 孔尺寸精度和表面质量要求较高，并对 C

面有较高的垂直度要求,需要铰削加工,并注意以 C 面为定位基准;φ42 mm 圆形槽有较高的对称度要求,对刀时 X、Y 方向应采用寻边器碰双边,准确找到工件中心。

三、加工设备选择

根据零件图样要求,选用普通经济型数控铣床即可。

四、加工工艺制定

1. 确定装夹方案

零件毛坯形状规则,可用机用平口虎钳装夹,工件上表面高出钳口 8 mm 左右,工件下面使用平行垫铁,但需避开三个通孔(3 × φ10 mm 孔)的位置,以免孔加工时刀具碰到坚硬的垫铁而损伤刀具。需校正固定钳口的平行度以及工件上表面的平行度,确保精度要求。

2. 确定加工方案

(1) 外轮廓的粗、精铣削。批量生产时,粗精加工刀具要分开,本例是单件生产,采用同一把刀具进行。粗加工单边留 0.2 mm 余量。

(2) 加工 3 × φ10 mm 孔和垂直进刀工艺孔。

(3) 圆形槽粗、精铣削,采用同一把刀具进行。

(4) 腰形槽粗、精铣削,采用同一把刀具进行。

3. 选择刀具与工艺参数

腰形槽底板零件数控铣削加工工序卡片和刀具使用卡片见表 2-15 和表 2-16。

表 2-15　腰形槽底板零件数控铣削加工工序卡片

零件名称			腰形槽底板零件				
组员姓名							
材料牌号	45 钢	毛坯种类		方块料	毛坯外形尺寸		100 mm × 80 mm × 20 mm
序号	工序内容		刀号	刀具规格 /mm	主轴转速 /(r/min)	进给速度 /(mm/min)	背吃刀量 /mm	备注
1	去除轮廓边角料		T01	φ20 立铣刀	400	80	5	
2	粗铣外轮廓		T01	φ20 立铣刀	500	100	5	
3	精铣外轮廓		T01	φ20 立铣刀	700	80	5	
4	钻中心孔		T02	φ3 中心钻	2000	80	3	
5	钻 3 × φ10 底孔和垂直进刀工艺孔		T03	φ9.7 麻花钻	600	80	9.7	
6	铰 3 × φ10H7 孔		T04	φ10 铰刀	200	50		
7	粗铣圆形槽		T05	φ16 立铣刀	500	80	3	
8	半精铣圆形槽		T05	φ16 立铣刀	500	80	3	
9	精铣圆形槽		T05	φ16 立铣刀	750	60	3	
10	粗铣腰形槽		T06	φ12 立铣刀	600	80	5	
11	半精铣腰形槽		T06	φ12 立铣刀	600	80	5	
12	精铣腰形槽		T06	φ12 立铣刀	800	60	5	
编制			审核		日期		指导老师	

表 2-16　腰形槽底板零件数控铣削加工刀具卡片

零件名称		腰形槽底板零件		
序号	刀具编号	刀具规格、名称	数量	备　注
1	T01	φ20 mm 立铣刀	1	去除轮廓边角料，粗、精铣外轮廓
2	T02	φ3 mm 中心钻	1	钻中心孔
3	T03	φ9.7 mm 麻花钻	1	钻 3 × φ10 mm 底孔和垂直进刀工艺孔
4	T04	φ10 mm 铰刀	1	铰 3 × φ10H7 孔
5	T05	φ16 mm 立铣刀	1	粗铣、半精铣、精铣圆形槽
6	T06	φ12 mm 立铣刀	1	粗铣、半精铣、精铣腰形槽
编制		审核	日期	指导老师

4. 安排具体工艺

在工件中心建立工件坐标系，Z 轴原点设在工件上表面。

1) 外形轮廓铣削

(1) 去除轮廓边角料。安装 φ20 mm 立铣刀(T01) 并对刀，去除轮廓边角料。

(2) 粗、精加工外形轮廓。走刀路线参考图 2-32。刀具由 P_0 点下刀，通过 $P_0 P_1$ 直线建立左刀补，沿圆弧 $P_1 P_2$ 切向切入，按顺时针方向走完轮廓后由圆弧 $P_2 P_{10}$ 切向切出，通过直线 $P_{10} P_{11}$ 取消刀补。粗、精加工采用同一程序，通过设置刀补值控制加工余量和达到尺寸要求。

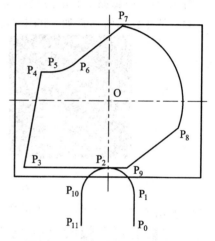

图 2-32　外形轮廓切入切出线路

2) 加工 3 × φ10 mm 孔和垂直进刀工艺孔

首先安装中心钻(T02)并对刀，钻中心孔；钻完中心孔后手工换麻花钻(T03)并对刀，钻 3 × φ10 mm 底孔和垂直进刀工艺孔；钻完 3 个 φ10 mm 底孔后换铰刀(T04)铰 3 × φ10H7 孔。

3) 圆形槽铣削

安装 φ16 mm 立铣刀(T05)并对刀。

(1) 粗铣圆形槽。

(2) 半精、精铣圆形槽边界。半精、精加工采用同一程序，通过设置刀补值控制加工余量和达到尺寸要求。

4) 铣削腰形槽

安装 φ12 mm 立铣刀(T06)并对刀。

(1) 粗铣腰形槽。

(2) 半精、精铣腰形槽。铣腰形槽走刀路线参考图 2-33。

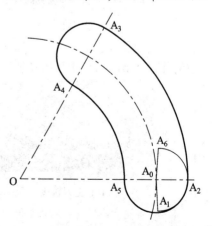

图 2-33　腰形槽各切入切出路线

半精、精加工采用同一程序，通过设置刀补值控制加工余量和达到尺寸要求。

加工注意事项：

① 铣外形轮廓时，刀具应在工件外面下刀，注意避免刀具快速下刀时与工件发生碰撞。

② 使用立铣刀粗铣圆形槽和腰形槽时，应先在工件上钻工艺孔，避免立铣刀中心垂直切削工件。

③ 精铣时刀具应切向切入和切出工件。在进行刀具半径补偿时，切入和切出圆弧半径应大于刀具半径补偿设定值。

④ 精铣时应采用顺铣方式，以提高尺寸精度和表面质量。

⑤ 铣削腰形槽的 R7 内圆弧时，注意调低刀具进给率。

五、编程与仿真

主要工序仿真加工的走刀轨迹及加工效果如下。

(1) 外轮廓精铣仿真加工的走刀轨迹及加工效果如图 2-34 所示。

(a) 走刀轨迹　　　　　　　　　　　(b) 加工效果

图 2-34　外轮廓精铣仿真加工

(2) 钻 3 个中心孔仿真加工的走刀轨迹及加工效果如图 2-35 所示。

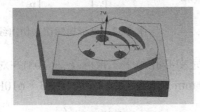 

(a) 走刀轨迹　　　　　　　　　　　(b) 加工效果

图 2-35　钻 3 个中心孔仿真加工

(3) 钻 $3 \times \phi 10$ mm 底孔仿真加工的走刀轨迹及加工效果如图 2-36 所示。

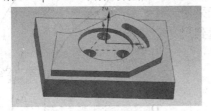 

(a) 走刀轨迹　　　　　　　　　　　(b) 加工效果

图 2-36　钻 3 个 $\phi 10$ mm 底孔仿真加工

(4) 铰 $3 \times \phi 10$H7 孔仿真加工的走刀轨迹及加工效果与上步的钻孔类似。

(5) 精铣 $\phi 42$ mm 圆形槽仿真加工的走刀轨迹及加工效果如图 2-37 所示。

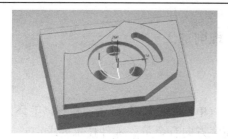 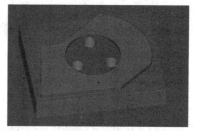

(a) 走刀轨迹　　　　　　　　　　　　　(b) 加工效果

图 2-37　精铣ϕ42 圆形槽的仿真加工

(6) 精铣腰形槽仿真加工的走刀轨迹及加工效果如图 2-38 所示。

(a) 走刀轨迹　　　　　　　　　　　　　(b) 加工效果

图 2-38　腰形槽底板零件精铣腰形槽的仿真加工

六、评分标准

腰形槽底板零件的数控铣削加工工艺评分标准如表 2-17 所示。

表 2-17　腰形槽底板零件的数控铣削加工工艺评分标准

序号	项目与技术要求	配分	评 分 标 准	自评	师评
1	工艺分析正确性及充分性	20	1. 工艺分析正确且充分，17-20 分； 2. 工艺分析基本正确，有个别不合适或遗漏，12-16 分； 3. 工艺分析较差，0-11 分		
2	装夹方案正确性及刀具选用合适性	20	1. 装夹方案正确、刀具合适，且有合理分析，17-20 分； 2. 装夹方案及刀具选用较合适但无分析或者分析不完整合理，12-16 分； 3. 装夹方案不大正确或刀具选用不合适，0-11 分		
3	工步顺序及工艺安排合适性	20	1. 工步顺序及工艺安排较合适 17-20 分； 2. 工步顺序及工艺安排有部分不合适 12-16 分； 3. 工步顺序及工艺安排合理性较差，0-11 分		
4	切削参数选用合理性，工艺文件规范性	20	1. 切削参数合理，工艺文件规范性较好，17-20 分； 2. 切削参数个别不合适或工艺文件有些不规范，12-16 分； 3. 切削参数部分不合适，工艺文件规范性较差，0-11 分		
5	加工程序和仿真刀轨正确性	20	1. 加工程序和仿真刀轨基本正确，17-20 分； 2. 加工程序和仿真刀轨有个别不合适之处，12-16 分； 3. 加工程序和仿真刀轨有多处错误，0-11 分		
6	合　　　计	100	总　　　分		

2.2.8 带曲面的复杂轮廓板类零件的数控铣削加工

一、项目任务书

加工如图 2-39 所示的带曲面的复杂板类零件(单件生产)，材料为 45 钢，毛坯尺寸为 160 mm × 120 mm × 35 mm，四侧面已加工，高度方向有余量。零件技术要求：a. 未注公差为 ±0.1 mm；b.圆弧曲面误差不大于 ±0.05 mm；c.去除毛刺。

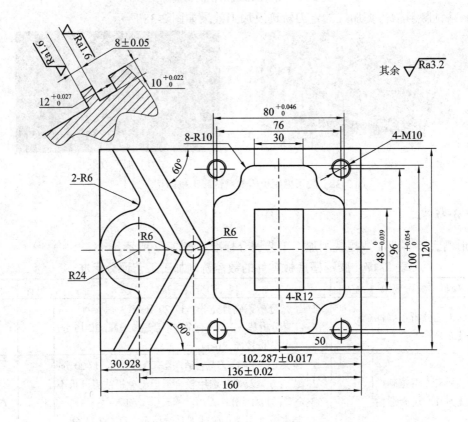

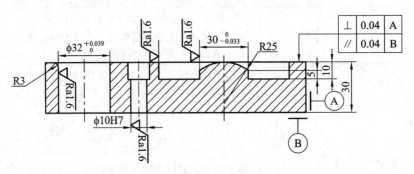

图 2-39　带曲面的复杂板类零件

二、加工工艺分析

1. 读图和审图

(1) 该零件毛坯尺寸为 160 mm × 120 mm × 35 mm，高度方向有余量 5 mm，需要铣削上下表面得到零件图上的高度尺寸 30 mm。其余四侧面无需加工。

(2) 零件上有多个加工特征，包括两个通孔、键槽、型腔、四个螺纹孔、曲面凸台，尺寸标注完整。

(3) 该零件内轮廓及通孔的表面粗糙度为 1.6 μm，其余为 3.2 μm，参数合理便于加工。

(4) 零件材料为 45 钢，切削加工性能较好，无热处理和硬度要求。

该复杂零件加工要素有平面、曲面、腔槽、孔类和孔螺纹加工。主要加工项目有平面、主视图中 60° 对称腔槽(槽宽 $12_{\ 0}^{+0.027}$ mm，槽深 $10_{\ 0}^{+0.022}$ mm)、螺孔 4-M10、孔 $\phi 32_{\ 0}^{+0.039}$ mm、孔 ϕ10H7、位置尺寸 102.287±0.017mm、位置尺寸 136±0.02mm、圆弧倒角 R3、圆弧曲面 R25 以及内轮廓的尺寸。

2. 零件结构的工艺性

该零件虽然结构稍复杂，但还是易于加工的。在加工时要特别注意圆弧曲面的加工，4-M10 螺纹孔的加工以及内轮廓和岛屿的加工。

三、加工设备选择

根据本例零件图样和加工要求，选用普通立式数控铣床即可。

四、加工工艺制定

1. 选择工件坐标系原点

根据图中各尺寸的标注和加工要求，选择工件上表面右边棱边中点为加工坐标系原点。

2. 确定装夹方案

该零件毛坯形状规则，可用机用平口虎钳装夹。因开放型腔和键槽的深度为 10 mm，故安装时应在毛坯高度方向余量去除以后使工件上表面高出钳口 13 mm 左右。工件下面使用平行垫铁垫高，需避开两个通孔(孔 $\phi 32_{\ 0}^{+0.039}$ 和孔 ϕ10H7)的位置，以免孔加工刀具碰到坚硬的垫铁而损伤。校正固定钳口的平行度以及工件上表面的平行度，确保精度要求。

3. 选择刀具

铣刀种类繁多，在使用时要根据加工部位、表面粗糙度、精度等来选用。本例中铣刀刀具材料选用硬质合金，其切削速度比高速钢高 4～10 倍，但其冲击韧性与抗拉强度远比高速钢差。麻花钻和铰刀选用高速钢。

本例选择的刀具见表 2-18。

表 2-18　带曲面的复杂板类零件数控铣削加工刀具卡片

零件名称			带曲面的复杂板类零件		
序号	刀具编号	刀具规格、名称	数量	备　注	
1	T01	φ150 mm 面铣刀（R 型）	1	铣表面	
2	T02	φ10 mm 立铣刀	2	粗、精铣外轮廓	
3	T03	R5 球头铣刀	1	铣曲面	
4	T04	φ16 mm 立铣刀	2	粗、精铣内轮廓，铣孔φ32 mm	
5	T05	φ2 mm 中心钻	1	钻中心孔	
6	T06	φ20 mm 麻花钻	1	预钻φ32 mm 通孔	
7	T07	φ8.5 mm 麻花钻	1	钻 4 个通孔	
8	T08	φ9.6 mm 麻花钻	1	预钻φ10 mm 通孔	
9	T09	φ32 mm 镗刀	1	精镗孔φ32 mm	
10	T10	φ10H7 铰刀	1	对孔进行精加工	
11	T11	M10 丝锥	1	攻螺纹	
编制		审核	日期		指导老师

4. 选择切削用量

选用的切削参数如表 2-19 所示。

表 2-19　带曲面的复杂板类零件数控铣削的切削用量

工序	工序内容		切削用量			工艺装备及编号		
			背吃刀量 /mm	主轴转速 /(r/min)	进给速度 /(mm/min)	刀具	量具	夹具
1	铣表面	粗	2	560	120	φ150 mm 的面铣刀		
		精	0.5	980	80			
2	外轮廓	粗	2	2000	800	φ10 mm 的立铣刀		
		精	1	3184	1273			
3	内轮廓	粗	2	1500	600	φ16 mm 的立铣刀		
		精	1	1990	796			
4	钻中心孔		2	870	60	φ2 mm 的中心钻	游标卡尺	机用平口虎钳
5	攻螺纹		1	80	60	M10 的丝锥		
6	铣曲面			1000	30	R5 的球头铣刀		
7	钻 4 个通孔		8	1315	60	φ8.5 mm 的麻花钻		
8	预钻φ10 mm 通孔		8	1420	60	φ9.6 mm 的麻花钻		
9	预钻φ32 mm 通孔		15	1560	40	φ20 mm 的麻花钻		
10	铣孔φ32 mm		2	1500	600	φ16 mm 的立铣刀		
11	精镗孔φ32 mm		0.15	500	60	φ32 mm 的精镗刀		
12	对孔进行精加工		0.2	50	10	φ10H7 的铰刀		

5. 安排工序

该零件首先要保证内外型面及孔φ10H7 的位置精度，具体加工路线安排如下：

(1) 铣平面：粗精铣下端面→翻转工件→粗精铣上平面。(φ150 mm 面铣刀)

(2) 钻：钻通孔φ10H7。(φ9.6 mm 麻花钻)

(3) 钻：预钻φ20 的通孔。(φ20 mm 麻花钻)

(4) 钻：4-M10 的螺纹孔。(φ8.5 mm 麻花钻)

(5) 粗铣内轮廓及岛屿：粗铣内轮廓及岛屿，单边留余量 0.3 mm。(φ16 mm 立铣刀)

(6) 精铣内轮廓及岛屿：精铣内轮廓及岛屿外轮廓至尺寸。(φ16 mm 立铣刀)

(7) 铣孔：铣φ32 mm 的孔至尺寸 31.7 mm。(φ16 mm 立铣刀)

(8) 镗孔：镗φ32 mm 的孔至尺寸要求。(φ32 mm 镗刀)

(9) 粗铣外轮廓：粗铣外轮廓至尺寸，单边留余量 0.3 mm。(φ10 mm 立铣刀)

(10) 精铣外轮廓：精铣外轮廓至尺寸。(φ10 mm 立铣刀)

(11) 铰孔：铰φ10H7 的孔。(φ10 mm 铰刀)

(12) 攻螺纹：攻 4-M10 螺纹孔。(M10 丝锥)

(13) 半精铣曲面：半精铣 R3 倒圆角与 R25 圆弧曲面，使余量均匀。(φ16 mm 立铣刀)

(14) 精铣曲面：精铣 R3 倒圆角与 R25 圆弧曲面至尺寸，保证 Ra3.2。(R5 球头铣刀)

6. 拟定加工工序卡

为了更好地指导编程和加工操作，把该零件的加工顺序、所用刀具和切削用量等参数编入表 2-20 所示的零件数控加工工序卡中。

表 2-20 带曲面的复杂板类零件的数控加工工序卡片

零件名称		带曲面的复杂板类零件			
组员姓名					
材料牌号	45 钢	毛坯种类	方块料	毛坯外形尺寸	160 mm×120 mm×35 mm
序号	工种		工 序 内 容	刀具规格/mm	备注
1	粗精铣下表面		粗精铣零件下表面至 Ra3.2	φ150 面铣刀	
2	粗精铣上表面		粗精铣零件下表面至 Ra3.2，保证：高度尺寸 30 mm 及上下表面的平行度	φ150 面铣刀	
3	钻中心孔		钻φ10H7、φ32 mm、4-M10 的中心孔	φ2 中心钻	
4	钻孔		钻通孔φ10H7。 保证：φ10H7，102.287±0.017 mm	φ9.6 的麻花钻	
5	钻孔		钻通孔φ20 mm。保证：136±0.02 mm	φ20 的麻花钻	
6	钻孔		钻 4-M10 螺纹底孔。 保证：96±0.1，76±0.1	φ8.5 的麻花钻	
7	粗精铣型腔内轮廓和岛屿外轮廓		保证：$80^{+0.046}_{0}$，$100^{+0.054}_{0}$，Ra1.6 $30^{0}_{-0.033}$，$48^{0}_{-0.039}$，Ra1.6	φ16 的立铣刀	

续表

序号	工 种	工 序 内 容	刀具规格/mm	备注
8	铣孔	铣ϕ32 mm 孔，保证：保证ϕ31.7 mm 的尺寸精度	ϕ16 的立铣刀	
9	镗孔	镗ϕ32 mm 孔， 保证：$\phi 32^{+0.039}_{0}$，136 ± 0.02 mm	ϕ32 的镗刀	
10	粗精铣左边外轮廓	保证：$12^{+0.027}_{0}$，8 ± 0.05，30.928 ± 0.1，Ra1.6 μm	ϕ10 的立铣刀	
11	铰孔	铰ϕ10H7 的孔	ϕ10 铰刀	
12	攻螺纹	4-M10 孔螺纹的加工	ϕ10 的丝锥	
13	半精铣 R3 倒圆角与岛屿顶部圆弧曲面	半精铣倒 R3 圆角和右边型腔内岛屿顶部圆弧 R25 曲面	ϕ10 的立铣刀	
14	精铣 R3 倒圆角与岛屿顶部圆弧曲面	精铣倒 R3 圆角和右边型腔内岛屿顶部圆弧曲面，使 R3 和 R25 至尺寸，并保证 Ra3.2	R5 的球头刀	
编制	审核	日期	指导老师	

五、编程与仿真

以下列出主要工序的仿真加工走刀轨迹和加工效果。

(1) 粗精铣下表面(定位基准面)，仿真加工的走刀轨迹及加工效果图略。

(2) 粗精铣上表面，保证高度尺寸 30 mm 及上下表面的平行度，仿真加工的走刀轨迹及加工效果图略。

(3) 钻ϕ10H7、ϕ32 mm、4-M10 中心孔，见图 2-40。

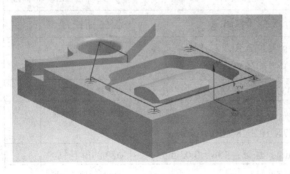

(a) 走刀轨迹　　　　　　　　　　　　(b) 加工效果

图 2-40　钻ϕ10H7、ϕ32 mm、4-M10 中心孔的仿真加工

(4) 钻ϕ10H7 通孔，见图 2-41。

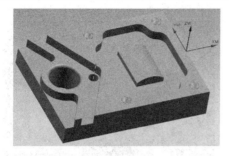

(a) 走刀轨迹   (b) 加工效果

图 2-41 钻 φ10 mm 通孔的仿真加工

(5) 钻通孔 φ20 mm，见图 2-42。

(a) 走刀轨迹   (b) 加工效果

图 2-42 钻通孔 φ20 mm 的仿真加工

(6) 钻 4-M10 螺纹底孔，见图 2-43。

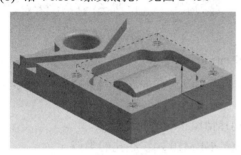

(a) 走刀轨迹   (b) 加工效果

图 2-43 钻 4-M10 螺纹底孔的仿真加工

(7) 粗精铣内轮廓和岛屿，见图 2-44 和图 2-45。

(a) 走刀轨迹   (b) 加工效果

图 2-44 粗铣内轮廓和岛屿的仿真加工

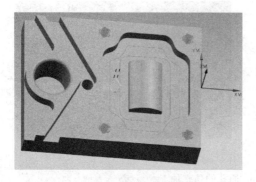 

(a) 走刀轨迹   (b) 加工效果

图 2-45 精铣内轮廓和岛屿的仿真加工

(8) 铣孔ϕ32 mm 至尺寸ϕ31.7 mm，见图 2-46。

(a) 走刀轨迹   (b) 加工效果

图 2-46 铣孔ϕ32 mm 的仿真加工

(9) 镗孔ϕ32 mm，保证尺寸精度。走刀轨迹与加工效果与上步铣孔类似，此处不列出。

(10) 粗、精铣零件左边外轮廓，见图 2-47 和图 2-48。

(11) 铰ϕ10H7 的孔，其仿真加工与工序(4)钻ϕ10 mm 通孔的类似。

(12) 攻螺纹 4-M10，其仿真加工与工序(6)钻 4-M10 螺纹底孔的类似。

(13) 半精铣 R3 倒圆角与岛屿顶部圆弧曲面，见图 2-49。

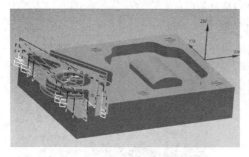 

(a) 走刀轨迹   (b) 加工效果

图 2-47 粗铣零件左边外轮廓的仿真加工

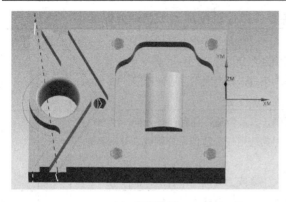 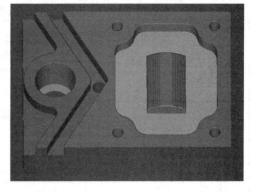

(a) 走刀轨迹　　　　　　　　　　　　　　　(b) 加工效果

图 2-48　精铣零件左边外轮廓的仿真加工

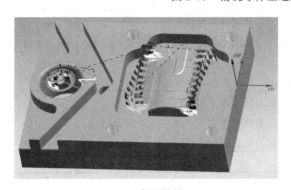 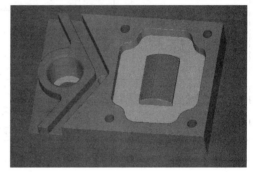

(a) 走刀轨迹　　　　　　　　　　　　　　　(b) 加工效果

图 2-49　半精铣 R3 倒圆角与岛屿顶部圆弧曲面的仿真加工

(14) 精铣 R3 倒圆角与岛屿顶部圆弧曲面，见图 2-50。

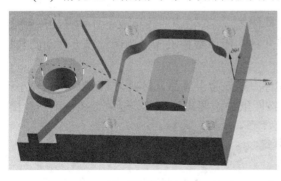 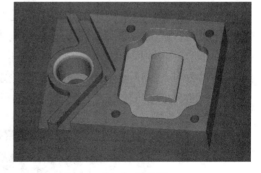

(a) 走刀轨迹　　　　　　　　　　　　　　　(b) 加工效果

图 2-50　精铣 R3 倒圆角与岛屿顶部圆弧曲面的仿真加工

六、评分标准

带曲面的复杂板类零件数控铣削加工工艺评分标准如表 2-21 所示。

表 2-21　带曲面的复杂板类零件数控铣削加工工艺评分标准

序号	项目与技术要求	配分	评分标准	自评	师评
1	工艺分析正确性及充分性	20	1. 工艺分析正确且充分，17-20 分； 2. 工艺分析基本正确，有个别不合适或遗漏，12-16 分； 3. 工艺分析较差，0-11 分		
2	装夹方案正确性及刀具选用合适性	20	1. 装夹方案正确、刀具合适，且有合理分析，17-20 分； 2. 装夹方案及刀具选用较合适但无分析或者分析不完整合理，12-16 分； 3. 装夹方案不大正确或刀具选用不合适，0-11 分		
3	工步顺序及工艺安排合适性	20	1. 工步顺序及工艺安排较合适 17-20 分； 2. 工步顺序及工艺安排有部分不合适 12-16 分； 3. 工步顺序及工艺安排合理性较差，0-11 分		
4	切削参数选用合理性，工艺文件规范性	20	1. 切削参数合理，工艺文件规范性较好，17-20 分； 2. 切削参数个别不合适或工艺文件有些不规范，12-16 分； 3. 切削参数部分不合适，工艺文件规范性较差，0-11 分		
5	加工程序和仿真刀轨正确性	20	1. 加工程序和仿真刀轨基本正确，17-20 分； 2. 加工程序和仿真刀轨有个别不合适之处，12-16 分； 3. 加工程序和仿真刀轨有多处错误，0-11 分		
6	合　　计	100	总　　分		

2.2.9　平面槽形凸轮零件的数控铣削加工

一、项目任务书

平面凸轮零件是数控铣削加工中常见的零件之一，其轮廓曲线组成不外乎直线—圆弧、圆弧—圆弧、圆弧—非圆曲线及非圆曲线等几种。所用数控机床多为两轴以上联动的数控铣床。加工工艺过程也大同小异。

如图 2-51、2-52 所示的平面槽形凸轮零件，零件为半成品，材料为 HT200 铸铁，小批量生产。该零件除凸轮槽之外其他工序均已按图纸技术要求加工好，要求数控铣削凸轮槽。

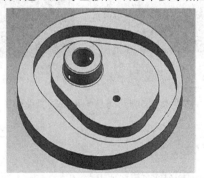

图 2-51　平面槽形凸轮零件三维图

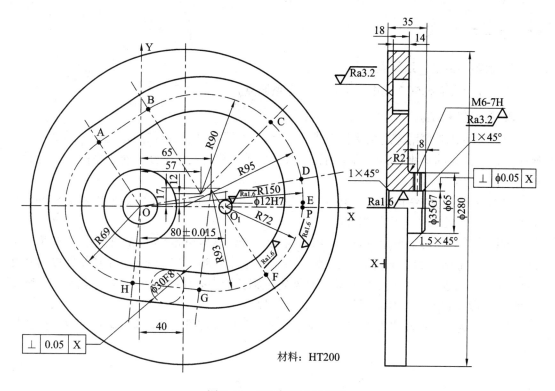

图 2-52　平面槽形凸轮零件

二、加工工艺分析

该案例零件凸轮轮廓由圆弧 $\overset{\frown}{HA}$、$\overset{\frown}{BC}$、$\overset{\frown}{DE}$、$\overset{\frown}{FG}$ 和直线 AB、HG 以及过渡圆弧 $\overset{\frown}{CD}$、$\overset{\frown}{EF}$ 所组成，两轴联动的数控铣床可以完成其加工。

零件材料为铸铁 HT200，切削工艺性较好。

该零件在数控铣削加工前是一个经过加工、含有两个基准孔、直径为 $\phi280$ mm、厚度为 18 mm 的圆盘。圆盘底面 X 及 $\phi35G7$ 和 $\phi12H7$ 两孔可用作定位基准，无需另做工艺孔定位。

凸轮槽组成几何元素之间关系清楚，条件充分，编程时，所需基点坐标很容易求得。

凸轮槽内外轮廓面对 X 面有垂直度要求，只要提高装夹精度，使底面 X 与铣刀轴线垂直，即可保证；$\phi35G7$ 对 X 面的垂直度要求已由前工序保证。

三、加工设备选择

数控铣削平面凸轮，一般采用两轴以上联动的数控铣床。因此，首先要考虑的是零件的外形尺寸和重量，使其在机床的允许范围之内；其次考虑数控铣床的精度是否能满足凸轮的设计要求；最后考虑凸轮的最大圆弧半径是否在数控系统允许的范围之内。根据上述要求，数控铣床 XK5025 即可满足。

四、加工工艺制定

1. 确定工件坐标系原点

选工件上表面ϕ35G7孔中心为加工坐标系原点。

2. 确定装夹方案

一般大型凸轮可用等高垫块垫在工作台上，然后用压板螺栓在凸轮的孔上压紧。外轮廓平面盘形凸轮的垫块要小于凸轮的轮廓尺寸，不与铣刀发生干涉。对小型凸轮，一般用心轴定位，夹紧即可。

根据本例凸轮的结构特点，采用"一面两销(两孔)"定位，即用底面X和ϕ35 mm及ϕ12 mm两个基准孔作为定位基准。

设计一"一面两销"专用夹具。用一块320 mm × 320 mm × 40 mm的垫块，在垫块上分别精镗ϕ35 mm及ϕ12 mm两个定位销安装孔，孔距为80±0.015 mm，垫块平面度为0.05 mm。零件加工前，先找正固定垫块，使两定位销孔的中心连线与机床的X轴平行，垫块平面要保证与机床工作台面平行，并用百分表检查。

图2-53为本例凸轮零件的装夹方案示意图。采用双螺母夹紧，提高装夹刚性，防止铣削时振动。

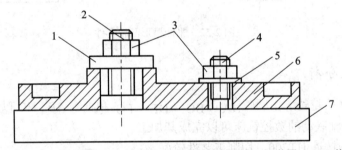

1—开口垫圈；2—带螺纹圆柱销；3—压紧螺母；4—带螺纹削边销；5—垫圈；6—工件；7—垫块

图2-53　平面槽形凸轮加工装夹示意图

3. 设计加工工艺路线

该平面槽形凸轮零件加工顺序按照基面先行、先粗后精的原则确定。因此，应先加工用作定位基准的ϕ35 mm及ϕ12 mm两个定位孔和底面X，然后再加工凸轮槽内外轮廓表面。由于该零件的ϕ35 mm及ϕ12 mm两个定位孔和底面X已在前面工序加工完成，这里只分析加工凸轮槽的加工走刀路线。

加工走刀路线包括平面内进给走刀和深度进给走刀两部分路线。平面内的进给走刀，对外凸轮廓从切线方向切入，对内凹轮廓从过渡圆弧切入，如图2-54所示。为保证凸轮槽的工作表面具有较好的表面质量，采用顺铣方式铣削，即对外凸轮廓按顺时针方向进给走刀，对内凹轮廓按逆时针方向进给走刀。

在两轴联动的数控铣床上，铣削平面槽形凸轮深度进给有两种方法：一种方法是在XZ(或YZ)平面内来回铣削逐渐进刀到既定深度；另一种方法是先打一个工艺孔，然后从工艺孔进刀到既定深度。本例凸轮加工深度进给采用坡走铣法逐渐进刀到既定深度。进刀点可选 P(150,0)，刀具在 Y-15 及 Y+15 之间来回运动，逐渐加深铣削深度，当达到既定深度后，刀具在 XY 平面内运动，铣削凸轮轮廓。

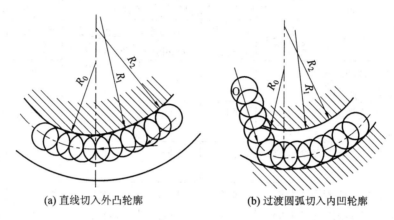

(a) 直线切入外凸轮廓　　　　　　(b) 过渡圆弧切入内凹轮廓

图 2-54　平面槽形凸轮的切入进给路线

4. 选择刀具及切削用量

根据本例零件结构特点，铣削凸轮槽内、外轮廓(即凸轮槽两侧面)时，铣刀直径受槽宽限制，同时考虑零件材料(HT200 铸铁)属于一般材料，切削加工性能较好，选用φ18 mm硬质合金立铣刀。确定主轴转速与进给速度时，通过查铣削加工的切削速度参考值和铣刀每齿进给量参考值相关表格，确定切削速度与每齿进给量，然后根据有关公式计算出主轴转速与进给速度。具体切削用量详见平面槽形凸轮数控加工工序卡。

槽深 14 mm，铣削余量分三次完成，第一次背吃刀量 8 mm，第二次背吃刀量 5 mm，剩下的 1 mm 随同轮廓精铣一起完成。凸轮槽两侧面各留 0.5 mm 精铣余量。在粗铣完成之后，检测零件几何尺寸，依据检测结果决定进刀深度和刀具半径偏置量，分别对凸轮槽两侧面精铣一次，达到图样要求的尺寸。

平面槽形凸轮数控加工刀具卡如表 2-22 所示。

表 2-22　平面槽形凸轮数控加工刀具卡片

零件名称				平面槽形凸轮	
序号	刀具编号	刀具规格、名称		数量	备注
1	T01	φ18 mm 硬质合金端面刃立铣刀		1	粗铣凸轮槽内外轮廓
2	T02	φ18 mm 硬质合金端面刃立铣刀		1	精铣凸轮槽内外轮廓
编制		审核	日期		指导老师

5. 填写数控加工工序卡

平面槽形凸轮数控加工工序卡如表 2-23 所示。

表 2-23　平面槽形凸轮数控加工工序卡片

零件名称	平面槽形凸轮						
组员姓名							
材料牌号	HT200 铸铁	毛坯种类	圆盘铸件	毛坯外形尺寸		φ280 mm × 35 mm	
序号	工序内容	刀号	刀具规格 /mm	主轴转速 /(r/min)	进给速度 /(mm/min)	背吃刀量 /mm	备注
1	分两次来回铣削，铣深至 13 mm，凸轮槽宽 25 mm	T01	φ18	850	320	8 5	分两层铣削
2	粗铣凸轮槽内轮廓，留余量 0.5 mm	T01	φ18	1000	300	13	游标卡尺检测
3	粗铣凸轮槽外轮廓，留余量 0.5 mm	T01	φ18	1000	300	13	游标卡尺检测
4	精铣凸轮槽内轮廓至尺寸	T02	φ18	1200	240	1	千分尺检测
5	精铣凸轮槽外轮廓至尺寸	T02	φ18	1200	240	1	千分尺检测
编制		审核		日期		指导老师	

五、编程与仿真

(1) 铣凸轮槽余量，仿真加工的走刀轨迹及加工效果见图 2-55。

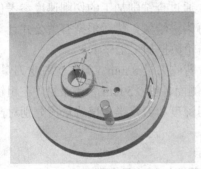
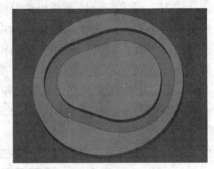

(a) 走刀轨迹　　　　　　　　　　(b) 加工效果

图 2-55　铣凸轮槽余量的仿真加工

(2) 粗铣凸轮槽内轮廓，仿真加工的走刀轨迹及加工效果见图 2-56。

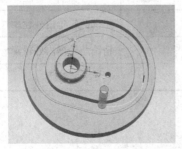
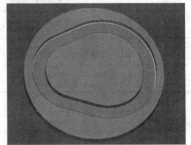

(a) 走刀轨迹　　　　　　　　　　(b) 加工效果

图 2-56　粗铣凸轮槽内轮廓的仿真加工

(3) 粗铣凸轮槽外轮廓，仿真加工的走刀轨迹及加工效果见图 2-57。

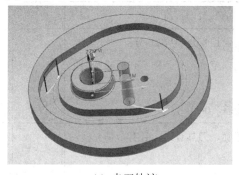

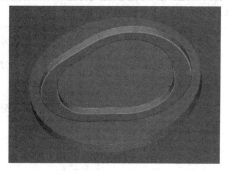

(a) 走刀轨迹　　　　　　　　　　　　　(b) 加工效果

图 2-57　粗铣凸轮槽外轮廓的仿真加工

(4) 精铣凸轮槽内轮廓，仿真加工的走刀轨迹及加工效果见图 2-58。

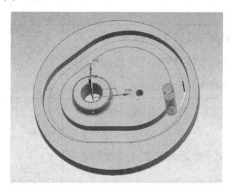
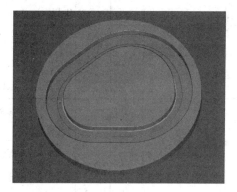

(a) 走刀轨迹　　　　　　　　　　　　　(b) 加工效果

图 2-58　精铣凸轮槽内轮廓的仿真加工

(5) 精铣凸轮槽外轮廓，仿真加工的走刀轨迹及加工效果见图 2-59。

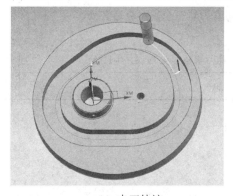
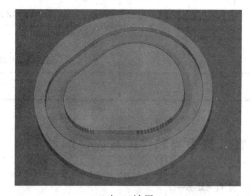

(a) 走刀轨迹　　　　　　　　　　　　　(b) 加工效果

图 2-59　精铣凸轮槽外轮廓的仿真加工

六、评分标准

平面槽形凸轮零件的数控铣削加工工艺评分标准如表 2-24 所示。

表 2-24　平面槽形凸轮零件的数控铣削加工工艺评分标准

序号	项目与技术要求	配分	评分标准	自评	师评
1	工艺分析正确性及充分性	20	1. 工艺分析正确且充分，17-20 分； 2. 工艺分析基本正确，有个别不合适或遗漏，12-16 分； 3. 工艺分析较差，0-11 分		
2	装夹方案正确性及刀具选用合适性	20	1. 装夹方案正确、刀具合适，且有合理分析，17-20 分； 2. 装夹方案及刀具选用较合适但无分析或者分析不完整合理，12-16 分； 3. 装夹方案不大正确或刀具选用不合适，0-11 分		
3	工序及工艺路线合适性	20	1. 工序及工艺路线安排较合适 17-20 分； 2. 工序及工艺路线安排有部分不合适 12-16 分； 3. 工序及工艺路线安排合理性较差，0-11 分		
4	切削参数选用合理性，工艺文件规范性	20	1. 切削参数合理，工艺文件规范性较好，17-20 分； 2. 切削参数个别不合适或工艺文件有些不规范，12-16 分； 3. 切削参数部分不合适，工艺文件规范性较差，0-11 分		
5	加工程序和仿真刀轨正确性	20	1. 加工程序和仿真刀轨基本正确，17-20 分； 2. 加工程序和仿真刀轨有个别不合适之处，12-16 分； 3. 加工程序和仿真刀轨有多处错误，0-11 分		
6	合　　计	100	总　　分		

2.2.10　盖板类零件的数控铣削加工

一、项目任务书

如图 2-60 所示，该零件为铸造件(灰口铸铁)，下面外轮廓(小端)和两个φ22 mm 中心通孔已加工好，现要求铣削上表面及最大外形轮廓、挖深度为 2.5 mm 的凹槽、钻 8 个φ5.5 mm 和 5 个φ6.5 mm 的孔。公差按 IT10 级自由公差确定，加工表面粗糙度 Ra≤6.3。批量生产。要求制定加工工艺。

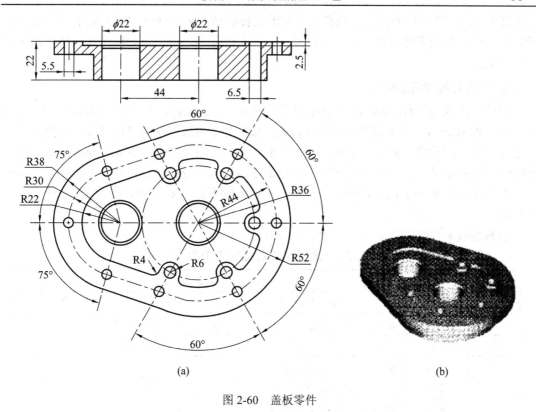

(a)　　　　　　　　　　　　　　(b)

图 2-60　盖板零件

二、加工工艺分析

该零件形状较典型，并且为轴对称图形，也便于装夹和定位。该例在数控铣削加工中有一定的代表性。

零件以 φ22 mm 孔的中心线为基准，尺寸标注齐全；无封闭尺寸及其他标注错误；尺寸精度要求不高。

该零件为铸造件(灰口铸铁)，其结构并不复杂，但对要求加工部分需要一次定位二次装夹。根据数控铣床工序划分原则，先安排平面铣削，后安排孔和槽的加工。对于该工件加工顺序为：铣削上平面→铣削轮廓→用中心钻点窝→钻 φ5.5 mm 的孔→钻 φ6.5 mm 的孔→先用压板压紧工件，再松开定位销螺母，进行挖 2.5 mm 深的中心槽。

三、加工设备选择

根据零件图样和加工要求，选用普通立式数控铣床即可。

四、加工工艺制定

1. 装夹和定位

该零件在生产时，可采用"一面、两销"的定位方式。以工件底面为第一定位基准，定位元件采用支撑面，限制工件绕 X、Y 方向的旋转运动和沿 Z 方向的直线运动；两个 φ22 mm 的孔作为第二定位基准，定位元件采用带螺纹的两个圆柱定位销，进行定位和压紧，限制工件在 X、Y 方向的直线运动和 Z 方向的旋转运动。挖 2.5 mm 深的中心槽时，先用压板压紧工件，再松开定位销螺母。在批量生产加工过程中，应保证定位销与工作台相对位置的稳定。

2. 选择刀具和切削用量

铣削上表面选取φ25 mm 立铣刀(由于采用两个中心孔定位，不能使用端面铣刀)，先进行粗铣，留 0.2～0.5 mm 余量，再进行精铣；最大外形轮廓铣削可选用直径较大的刀，根据余量决定铣削次数，最后余量加工应不大于 0.5 mm；钻φ5.5 mm 和φ6.5 mm 的孔，先用φ3 mm 的中心钻点窝，再分别用φ5.5 mm 和φ6.5 mm 的麻花钻钻削；挖槽深度为 2.5 mm，选用直径不大于φ8 mm 的键槽铣刀，直接在工件表面下刀，无需预钻孔，一次铣削到深度2.5 mm。

盖板零件数控铣削加工刀具卡如表 2-25 所示。

表 2-25　盖板零件数控加工刀具卡片

零件名称		盖板零件			
序号	刀具编号	刀具规格、名称		数量	备　注
1	T01	φ25 mm 立铣刀(合金镶条)		1	铣平面、轮廓
2	T02	φ3 mm 中心钻(高速钢)		1	点钻
3	T03	φ5.5 mm 麻花钻(高速钢)		1	钻孔
4	T04	φ6.5 mm 麻花钻(高速钢)		1	钻孔
5	T05	φ8 mm 键槽铣刀(高速钢)		1	挖槽
编制		审核	日期		指导老师

3. 确定走刀路线

盖板挖槽走刀线路如图 2-61 所示，采用由内向外"平行环切并清角"或采用由外向内"平行环切并清角"的切削方式。盖板钻孔走刀线路如图 2-62 所示。编程与工件坐标系取工件上表面大端φ22 mm 孔的中心点为坐标系原点，对刀点根据实际情况而定，定位销与工作台固定以后，可以套装一标准块，然后再进行定位。

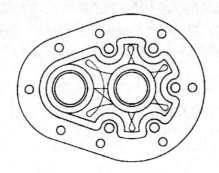
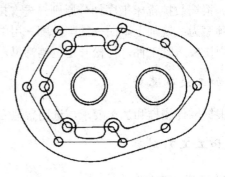

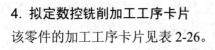

图 2-61　盖板挖槽走刀路线　　　　　　图 2-62　盖板钻孔走刀路线

4. 拟定数控铣削加工工序卡片

该零件的加工工序卡片见表 2-26。

表 2-26 盖板零件数控铣削加工工序卡片

零件名称			盖板				
组员姓名							
材料牌号	HT 32-52 铸铁		毛坯种类	圆盘铸件	毛坯外形尺寸	φ280 mm×35 mm	
序号	工序内容		刀号	刀具规格 /mm	主轴转速 /(r/min)	进给速度 /(mm/min)	背吃刀量 /mm	备注
1	铣平面	粗	T01	φ25	200	60		加工余量 0.5
		精			400	40	0.5	
2	铣外轮廓	粗	T01	φ25	200	60		加工余量 0.5
		精			400	20		
3	钻中心孔		T02	φ3	800	20	3	
4	钻孔		T03	φ5.5	600	40	5.5	
5	钻孔		T04	φ6.5	600	30	6.5	
6	挖槽		T05	φ8	400	20	2.5	
编制			审核		日期		指导老师	

五、编程与仿真

仿真加工时，为模拟实际装夹情况，将定位销螺母模拟画在模型上(下面各图中的两个圆柱凸起表示定位销螺母)，加工时刀具不能碰到定位销螺母，因此编程时把其设为检查体。

(1) 铣平面，仿真加工的走刀轨迹及加工效果见图 2-63。

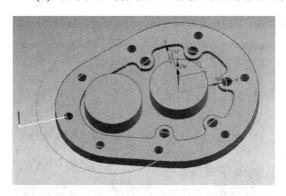 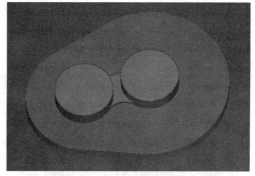

(a) 走刀轨迹　　　　　　　　　　　(b) 加工效果

图 2-63　铣平面的仿真加工

平面粗铣和精铣的走刀轨迹完全类似。

(2) 铣外轮廓，仿真加工的走刀轨迹及加工效果见图 2-64。

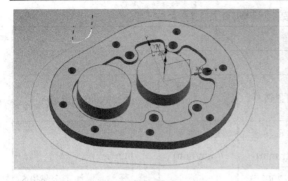 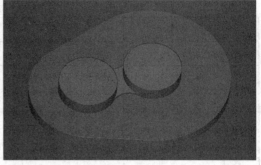

| (a) 走刀轨迹 | (b) 加工效果 |

图 2-64 铣外轮廓的仿真加工

外轮廓粗铣和精铣的走刀轨迹完全类似。

(3) 钻中心孔，仿真加工的走刀轨迹及加工效果见图 2-65。

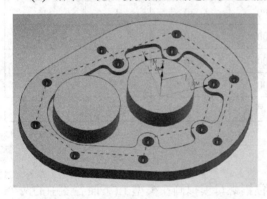 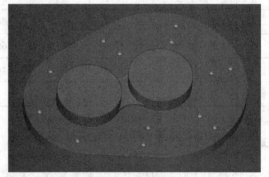

| (a) 走刀轨迹 | (b) 加工效果 |

图 2-65 钻中心孔的仿真加工

(4) 钻孔φ5.5 mm，仿真加工的走刀轨迹及加工效果见图 2-66。

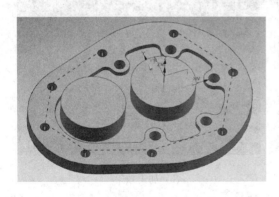 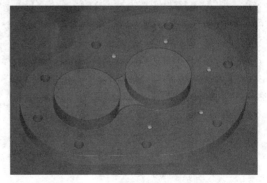

| (a) 走刀轨迹 | (b) 加工效果 |

图 2-66 钻φ5.5 mm 孔的仿真加工

(5) 钻孔φ6.5 mm，仿真加工的走刀轨迹及加工效果见图 2-67。

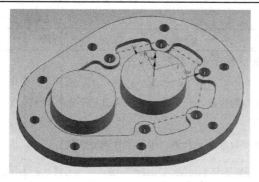 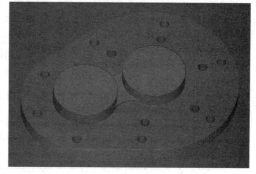

（a）走刀轨迹 　　　　　　　　　　　（b）加工效果

图 2-67　钻φ6.5 mm 孔的仿真加工

（6）挖槽，仿真加工的走刀轨迹及加工效果见图 2-68。

 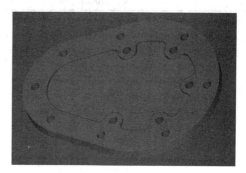

（a）走刀轨迹 　　　　　　　　　　　（b）加工效果

图 2-68　挖槽的仿真加工

六、评分标准

盖板零件数控铣削加工工艺的评分标准如表 2-27 所示。

表 2-27　盖板零件数控铣削的加工工艺评分标准

序号	项目与技术要求	配分	评 分 标 准	自评	师评
1	工艺分析正确性及充分性	20	1. 工艺分析正确且充分，17-20 分； 2. 工艺分析基本正确，有个别不合适或遗漏，12-16 分； 3. 工艺分析较差，0-11 分		
2	装夹和定位方案正确性	20	1. 装夹和定位方案正确，且有合理分析，17-20 分； 2. 装夹和定位较合适但无分析或者分析不完整合理，12-16 分； 3. 装夹和定位方案不大合适，0-11 分		
3	工序及工艺路线合适性	20	1. 工序及工艺路线安排较合适，17-20 分； 2. 工序及工艺路线安排有部分不合适，12-16 分； 3. 工序及工艺路线安排合理性较差，0-11 分		

序号	项目与技术要求	配分	评 分 标 准	自评	师评
4	刀具与切削参数选用合理性，工艺文件规范性	20	1. 刀具与切削参数合理，工艺文件规范性较好，17-20 分； 2. 刀具与切削参数少数不合适或工艺文件有些不规范，12-16 分； 3. 刀具与切削参数部分不合适，工艺文件规范性较差，0-11 分		
5	加工程序和仿真刀轨正确性	20	1. 加工程序和仿真刀轨基本正确，17-20 分； 2. 加工程序和仿真刀轨有个别不合适之处，12-16 分； 3. 加工程序和仿真刀轨有多处错误，0-11 分		
6	合　　计	100	总　　分		

模块三　数控加工中心加工工艺

学习目的：了解数控加工中心加工的特点及主要加工对象，掌握数控加工中心加工中的工艺处理。通过典型零件的加工，掌握数控加工中心加工的基本加工工艺，并按照零件图纸的技术要求，编制合理的数控加工工艺。

3.1　概　　述

加工中心是在数控铣床的基础上发展起来的，它和数控铣床有很多相似之处，但主要区别在于增加了刀库和自动换刀装置，由于有了刀库和自动换刀装置，它就可以在一次定位装夹中实现对零件的铣、钻、镗、铰、攻螺纹等多工序的加工，如板类零件加工、盘类零件加工、箱体类零件加工、异形件的加工以及结构形状复杂的零件加工等。

3.2　经典实例介绍

3.2.1　盖板零件的数控加工工艺

一、项目任务书

(1) 根据图纸要求，如图 3-1 所示，查阅相关资料，进行工艺分析及参数的选择，选取所需要的刀具、夹具、毛坯及机床，对盖板进行加工。

(2) 材料为铸铁，毛坯为 160 mm × 20 mm 铸件。

(3) 用 UG 建立加工仿真，模拟刀轨，选择各个孔所需要的刀具及工序，可以有选择地修改一些参数，提高表面质量，优化加工过程。

二、加工工艺分析

如图 3-1 所示，该盖板的材料为铸铁，毛坯为铸件。除盖板的四个侧面为不加工面外，其余表面、孔和螺纹都要加工，且加工内容集中在 A、B 面上。孔的最高公差等级为 IT7 级，最小的表面粗糙度值为 0.8 μm。从定位和加工两个方面考虑，以 A 面为主要定位基准，可先用普通机床加工好 A 面，选择 B 面及位于 B 面上的全部孔在加工中心上加工。

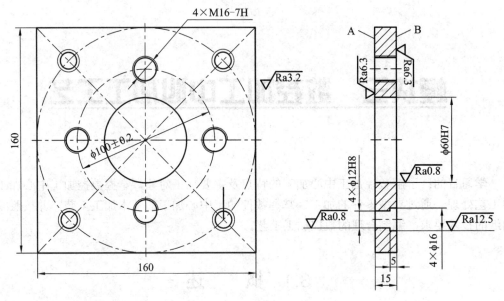

图 3-1　盖板零件图

三、加工设备选择

(1) 工件：160 mm × 20 mm 毛坯。

(2) 刀具：φ100 mm 面铣刀，φ58 mm、φ59.95 mm、φ60 mm 镗刀，φ3 mm 中心钻，φ10 mm、φ14 mm 麻花钻，φ11.85 mm 扩孔钻，φ16 mm 阶梯铣刀，φ12 mm 铰刀，φ18 mm 倒角刀，M16 机用丝锥。

(3) 机床：XH714 型立式加工中心，由于 B 面及 B 面上的全部孔只需单工位即可加工完成，故选用立式加工中心。该零件加工内容只有面和孔，根据其精度和表面粗糙度要求，经粗铣、精铣、粗镗、半精镗、精镗、钻、扩、锪、铰及攻螺纹即可达到全部要求，所需刀具不超过 20 把，故选用国产 XH714 型立式加工中心。该加工中心的工作台尺寸面积为400 mm × 800 mm，工作台 X 轴行程为 600 mm，Y 轴行程为 400 mm，Z 轴行程为 400 mm，主轴端面至工作台台面距离为 125～525 mm，定位精度和重复定位精度为 0.02～0.01 mm，刀库容量为 18 把，工件一次装夹后可自动完成铣、钻、镗、铰及攻螺纹等。

四、加工工艺制定

1. 选择加工方法

B 面的粗糙度为 6.3 μm，故采用粗铣→精铣方案；φ60H7 孔已铸出毛坯孔，为达到 IT7级和 0.8 μm 的表面粗糙度值，需经粗镗→半精镗→精镗三次镗削加工；4 × φ12H8 孔为防止钻偏和满足 IT8 级，需按钻中心孔→钻孔→扩孔→铰孔方案进行；4 × φ16 mm 孔在加工 4 ×φ12mm 孔基础上锪至尺寸即可；4 × M16-7H 螺纹孔按钻中心孔→钻底孔→倒角→攻螺纹方案进行。

2. 确定加工顺序

按先面后孔、先粗后精的原则，确定加工顺序为粗铣、精铣 B 面→粗镗、半精镗、精镗

φ60H7 孔→钻各孔的中心孔→钻、扩、锪、铰 4×φ12H8 及 φ16 mm 孔→4×M16-7H 螺纹孔钻底孔、倒角和攻螺纹。盖板零件的数控加工工序卡片见表 3-1。

表 3-1 盖板零件的数控加工工序卡片

零件名称					盖板零件				
组员姓名									
材料牌号	HT200 铸铁	毛坯种类			铸件		毛坯外形尺寸	160 mm×20 mm	
序号	工步内容		刀号	刀具规格/mm		主轴转速/(r/min)	进给速度/(mm/min)	背吃刀量/mm	备注
1	精铣 B 平面至尺寸		T01	φ100 面铣刀		350	50	5	
2	粗镗φ60H7 孔至φ58 mm		T02	φ58 镗刀		450	60	1	
3	半精镗φ60H7 孔至φ59.95 mm		T03	φ59.95 镗刀		450	50	0.975	
4	精镗φ60H7 孔至尺寸		T04	φ60 镗刀		500	40	0.05	
5	钻 4×φ12H8 及 4×M16 中心孔		T05	φ3 定心钻		1000	50	1.5	
6	钻 4×φ12H8 孔至φ10 mm		T06	φ10 麻花钻		300	40	5	
7	扩 4×φ12H8 孔至φ11.85 mm		T07	φ11.85 扩孔钻		300	40	0.925	
8	锪 4×φ16 mm 孔至尺寸		T08	φ16 阶梯铣刀		150	30	2.075	
9	铰 4×φ12H8 孔至尺寸		T09	φ12 铰刀		100	40	0.075	
10	钻 4×M16 底孔至φ14 mm		T10	φ14 麻花钻		450	60	5.5	
11	4×M16 底孔端倒角		T11	φ18 倒角刀		300	40	2	
12	攻 4×M16 螺纹孔		T12	M16 机用丝锥		100	200	0.8	
编制			审核			编制日期		指导老师	

3. 确定装夹方案和选择夹具

该盖板零件形状简单，加工面与不加工面之间的位置精度不高，故可选用通用的机用虎钳直接装夹，以盖板底面 A 和相邻两个侧面定位，用机用虎钳的钳口从侧面夹紧。

4. 选择刀具

一般铣平面时，在粗铣时为降低切削力，铣刀直径应小些，但又不能太小，以免影响加工效率；在精铣时为减小接刀痕迹，铣刀直径应大些。由于 B 平面为 160 mm×160 mm 的正方形，尺寸不大，因而选择粗、精铣刀直径大于 B 平面的一半即可，如取直径为 φ100 mm 的面铣刀；镗φ60H7 孔时，因为是单件小批生产，所以用单刃、双刃镗刀均可；加工 4×φ12H8 孔采用的是钻中心孔→钻→扩→铰的方案，故相应选φ3 mm 中心钻、φ10 mm 麻花钻、φ11.85 mm 扩孔钻和φ12 mm 铰刀。刀柄柄部根据主轴锥孔和拉紧机构选择，XH714 型加工中心主轴锥孔为 ISO40，刀柄应选择为 BT40 式。具体所选刀具及刀柄见表 3-2。

表 3-2　盖板零件的数控加工刀具卡片

序号	刀具编号	刀具规格、名称	数量	备　注
		盖板零件		
1	T01	ϕ100 mm 面铣刀	1	精铣 B 平面至尺寸
2	T02	ϕ58 mm 镗刀	1	粗镗ϕ60H7 孔至ϕ58 mm
3	T03	ϕ59.95 mm 镗刀	1	半精镗ϕ60H7 孔至ϕ59.95 mm
4	T04	ϕ60 mm 镗刀	1	精镗ϕ60H7 孔至尺寸
5	T05	ϕ3 mm 定心钻	1	钻 4×ϕ12H8 及 4×M16 中心孔
6	T06	ϕ10 mm 麻花钻	1	钻 4×ϕ12H8 孔至ϕ10 mm
7	T07	ϕ11.85 mm 扩孔钻	1	扩 4×ϕ12H8 孔至ϕ11.85 mm
8	T08	ϕ16 mm 阶梯铣刀	1	锪 4×ϕ16m 孔至尺寸
9	T09	ϕ12 mm 铰刀	1	铰 4×ϕ12H8 孔至尺寸
10	T10	ϕ14 mm 麻花钻	1	钻 4×M16 底孔至ϕ14 mm
11	T11	ϕ18 mm 倒角刀	1	4×M16 底孔端倒角
12	T12	M16 机用丝锥	1	攻 4×M16 螺纹孔
编制		审核	日期	指导老师

5. 选择切削用量

查表确定切削速度和进给量，然后计算出机床主轴转速和进给速度。

1) 切削量(F_z值)

$$F_z = \frac{F}{S \times Z}$$

式中，F 为进给速度(mm/min)；S 为转速(r/min)；Z 为刃数；F_z 为实际每刃进给量。

2) 切削线速度及进给量

$$v_s = \frac{S \times 3.14}{刀具直径}$$

$$F = S \times 刃数 \times 每刃进给(切削的线速度根据接触部位不同而不同)$$

式中，S 是主轴转速，单位为 r/min；F 是刀具进给速度，单位为 mm/min；v_s 是切削线速度，单位为 m/min。

3) 切削速度

$$v_c = \frac{\pi \times D \times S}{1000}$$

式中，v_c 为切削速度(m/min)；π 为圆周率(3.14159)；D 为刀具直径(mm)；S 为转速(r/min)。

4) 进给量(F 值)

$$F = S \times Z \times F_z$$

式中，F 为进给量(mm/min)；S 为转速(r/min)；Z 为刃数；F_z 为实际每刃进给量。

所有参数可以查阅相关书籍，计算结果仅供参考，实际要依机床和刀具性能以及加工材质、加工量、加工工艺等灵活对待。

五、编程与仿真

(1) 精铣平面，如图3-2所示。

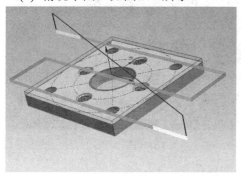

(a) 仿真刀轨

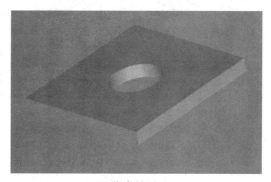

(b) 仿真效果

图3-2 精铣平面

(2) 镗φ60H7孔，如图3-3所示。

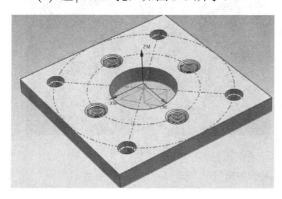

(a) 仿真刀轨

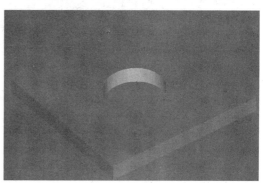

(b) 仿真效果

图3-3 镗φ60H7mm 的孔

(3) 钻中心孔，如图3-4所示。

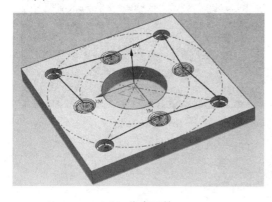

(a) 仿真刀轨

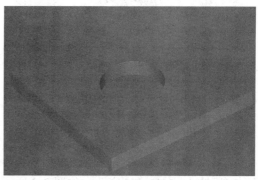

(b) 仿真效果

图3-4 钻中心孔

(4) 钻 4×φ12H8 孔, 如图 3-5 所示。

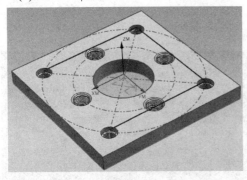 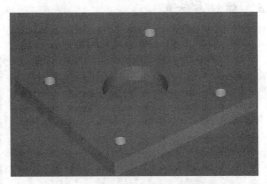

(a) 仿真刀轨   (b) 仿真效果

图 3-5 钻 4×φ12H8 孔

(5) 扩 4×φ12H8 孔, 如图 3-6 所示。

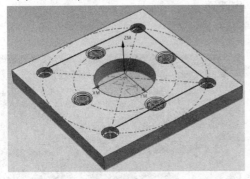 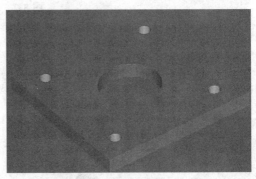

(a) 仿真刀轨   (b) 仿真效果

图 3-6 扩 4×φ12H8 孔

(6) 锪孔, 如图 3-7 所示。

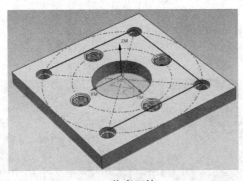 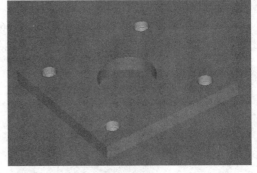

(a) 仿真刀轨   (b) 仿真效果

图 3-7 锪孔

(7) 铰 4×φ12H8 孔, 如图 3-8 所示。

(8) 钻 4×M16-7H 底孔, 如图 3-9 所示。

(9) 4×M16-7H 底孔倒角, 如图 3-10 所示。

(10) 攻 4×M16-7H 螺纹孔, 如图 3-11 所示。

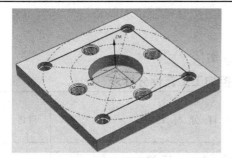

(a) 仿真刀轨　　　　　　　　　　　　(b) 仿真效果

图 3-8　铰 4×φ12H8 孔

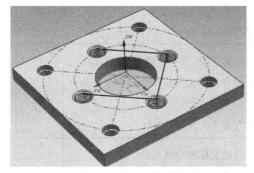

(a) 仿真刀轨　　　　　　　　　　　　(b) 仿真效果

图 3-9　钻 4×M16-7H 底孔

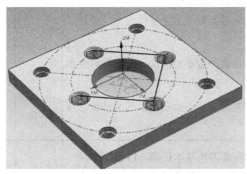

(a) 仿真刀轨　　　　　　　　　　　　(b) 仿真效果

图 3-10　4×M16-7H 底孔倒角

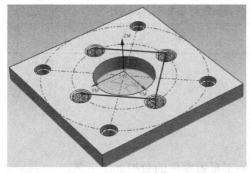
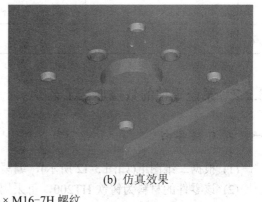

(a) 仿真刀轨　　　　　　　　　　　　(b) 仿真效果

图 3-11　攻 4×M16-7H 螺纹

六、评分标准

盖板零件的数控加工工艺评分标准如表 3-3 所示。

表 3-3 盖板零件的数控加工工艺评分标准

序号	项目与技术要求	配分	评 分 标 准	自评	师评
1	工艺分析正确性及充分性	20	1. 工艺分析正确且充分，17-20 分； 2. 工艺分析基本正确，有个别不合适或遗漏，12-16 分； 3. 工艺分析较差，0-11 分		
2	装夹和定位方案正确性	20	1. 装夹和定位方案正确，且有合理分析，17-20 分； 2. 装夹和定位较合适但无分析或者分析不完整合理，12-16 分； 3. 装夹和定位方案不大合适，0-11 分		
3	工序及工艺路线合适性	20	1. 工序及工艺路线安排较合适，17-20 分； 2. 工序及工艺路线安排有部分不合适，12-16 分； 3. 工序及工艺路线安排合理性较差，0-11 分		
4	刀具与切削参数选用合理性，工艺文件规范性	20	1. 刀具与切削参数合理，工艺文件规范性较好，17-20 分； 2. 刀具与切削参数少数不合适或工艺文件有些不规范，12-16 分； 3. 刀具与切削参数部分不合适，工艺文件规范性较差，0-11 分		
5	加工程序和仿真刀轨正确性	20	1. 加工程序和仿真刀轨基本正确，17-20 分； 2. 加工程序和仿真刀轨有个别不合适之处，12-16 分； 3. 加工程序和仿真刀轨有多处错误，0-11 分		
6	合 计	100	总 分		

3.2.2 泵盖零件的数控加工工艺

一、项目任务书

(1) 根据二维图纸(如图 3-12 所示)，编写加工泵盖零件的数控加工工艺。

(2) 该零件的材料为铸铁 HT200，可采用锻件。

（3）加工零件毛坯尺寸：φ130 mm × φ45 mm × 80 mm。

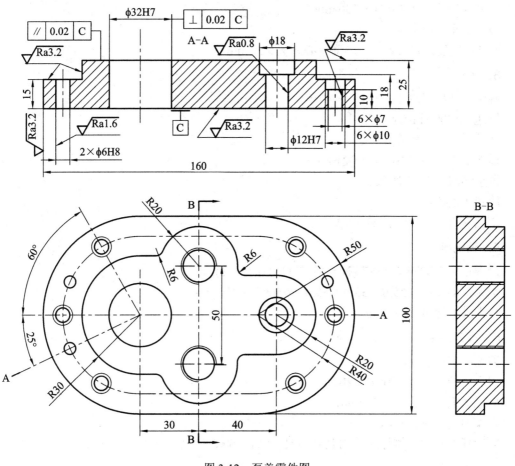

图 3-12　泵盖零件图

二、加工工艺分析

该零件主要由平面、外轮廓以及孔系组成。其中φ32H7 和 2 × φ6H8 三个孔的表面粗糙度要求较高，为 1.6 mm；而φ12H7 表面粗糙度要求更高，为 0.8 mm；φ32H7 内孔表面对 C 面有垂直度要求，上表面对 C 面有平行度要求。该零件材料为铸铁，切削加工性能较好。根据上述分析，φ32H7 孔、2 × φ6H8 孔与φ12H7 孔的粗、精加工应该分开进行，以保证表面粗糙度要求。同时以底面 C 定位，提高装夹刚度以满足φ32H7 内孔表面的垂直度要求。

三、加工设备选择

加工零件毛坯尺寸：φ130 mm × φ45 mm × 80 mm。

设备名称：哈斯 VF-2SS。

1. 行程

X × Y × Z：762 mm × 406 mm × 508 mm

主轴至工作台：102～610 mm。

2．工作台

长度×宽度：914 mm×356 mm；

最大承重：680 kg；

T 形槽宽度：16 mm，T 形槽中心距离 125 mm。

3．主轴

锥度：40#锥度；

转速：12000 max r/m；

驱动系统：同轴直驱；

标准最大扭矩：102 Nm@2100；

轴承润滑：气/油注入；

冷却：液冷；

主轴电机最大功率：22.4 kW。

4．轴电机

最大扭力：8874N×8874 N×13723N(X×Y×Z)；

快速移动速度：35.6×35.6×35.6 m/min(X×Y×Z)；

最大进给速度：21.2 m/min

5．换刀装置

刀位：24；

刀具类型/锥度：CTorBT/40；

标准最大刀具直径：76 mm；

最大刀具重量：5.4 kg；

刀库标准类型：侧挂式，刀具到刀具(平均)1.6 s，切削到切削(平均)2.2 s。

四、加工工艺制定

1．选择加工方法

上、下表面及台阶面要求表面粗糙度值为 Ra3.2，可选择粗铣→精铣方案。

孔加工方法的选择。孔加工前，为便于钻头引正，先用中心钻加工中心孔，然后再钻孔。内孔表面的加工方案在很大程度上取决于内孔表面本身的尺寸精度和粗糙度。对于精度较高、表面粗糙度值较小的表面，一般不能一次加工到规定尺寸，而要划分加工阶段逐步进行。该零件孔系加工方案的选择如下。

孔ϕ32H7，表面粗糙度值为 1.6 μm，选择钻→粗镗→半精镗→精镗方案。

孔ϕ12H7，表面粗糙度值为 0.8 μm，选择钻→粗铰→精铰方案。

孔 6×ϕ7，表面粗糙度值为 3.2 μm，无尺寸公差要求，选择钻→铰方案。

孔 2×ϕ6H8，表面粗糙度值为 1.6 μm，选择钻→铰方案。

孔ϕ18 和 6×ϕ10，表面粗糙度值为 12.5 μm，无尺寸公差要求，选择钻孔→锪孔方案。

螺纹孔 2×M16-H7，采用先钻底孔，后攻螺纹的加工方法。

2. 确定加工顺序

泵盖零件的数控加工工序卡片如表 3-4 所示。

表 3-4　泵盖零件数控加工工序卡片

零件名称						泵盖零件				
组员姓名										
材料牌号	HT200 铸铁		毛坯种类	铸件方料		毛坯外形尺寸		165 mm × 105 mm × 30 mm		
序号	工步内容			刀号	刀具规格/mm	主轴转速/(r/min)	进给速度/(mm/min)	背吃刀量/mm		备注
1	粗铣定位基准面 C			T01	φ125	180	40	2		自动
2	精铣定位基准面 C			T01	φ125	180	25	0.5		自动
3	粗铣上表面			T01	φ125	180	40	2		自动
4	精铣上表面			T01	φ125	180	25	0.5		自动
5	粗铣台阶面及其轮廓			T02	φ12	180	40	4		自动
6	精铣台阶面及其轮廓			T02	φ12	900	25	0.5		自动
7	钻所有孔的中心孔			T03	φ3	900				自动
8	钻 φ32H7 孔至 φ27 mm			T04	φ27	1000	40			自动
9	粗镗 φ32H7 孔至 φ30 mm			T05	内孔镗刀	200	80	1.5		自动
10	半精镗 φ32H7 孔至 φ31.6 mm			T05	内孔镗刀	500	70	0.8		自动
11	精镗 φ32H7 孔			T05	内孔镗刀	700	60	0.2		自动
12	钻 φ12H7 底孔至 11.8 mm			T06	φ11.8	800	60			自动
13	锪 φ18mm 孔			T07	φ18×11	600	30			自动
14	粗铰 φ12H7 孔			T08	φ12	150	40	0.1		自动
15	精铰 φ12H7 孔			T08	φ12	100	40			自动
16	钻 2 × M16 孔至 φ14 mm			T09	φ14	100	60			自动
17	2 × M16 底孔倒角			T10	倒角铣刀	450	40			自动
18	攻 2×M16 螺纹孔			T11	M16	300	200			自动
19	钻 6 × φ7 孔至 φ6.8 mm			T12	φ6.8	100	70			自动
20	锪 6 × φ10 孔			T13	φ10×5	700	30			自动

序号	工步内容	刀号	刀具规格/μμ	主轴转速/(r/min)	进给速度/(mm/min)	背吃刀量/mm	备注
21	铰 6 × φ7 孔	T14	φ7	150	25	0.1	自动
22	钻 2 × φ6H8 孔至φ5.8 mm	T15	φ5.8	100	80		自动
23	铰 2 × φ6H8 孔	T16	φ6	100	25	0.1	自动
24	一面两孔定位粗铣外轮廓	T17	φ35	600	40	2	自动
25	精铣外轮廓	T17	φ35	600	25	0.5	自动
编制		审核		编制日期		指导老师	

3. 选择刀具

刀具的选择如表 3-5 所示。

表 3-5 泵盖零件数控加工刀具卡片

泵盖零件				
序号	刀具编号	刀具规格/mm	数量	备注
1	T01	φ125 硬质合金面铣刀	1	
2	T02	φ12 硬质合金立铣刀	1	
3	T03	φ3 中心钻	1	
4	T04	φ27 钻头	1	
5	T05	内孔镗刀	1	
6	T06	φ11.8 钻头	1	
7	T07	φ18×11 锪孔钻	1	
8	T08	φ12 铰刀	1	
9	T09	φ14 钻头	1	
10	T10	倒角铣刀	1	
11	T11	M16 机用丝锥	1	
12	T12	φ6.8 钻头	1	
13	T13	φ10×5 锪孔钻	1	
14	T14	φ7 铰刀	1	

序号	刀具编号	刀具规格/μμ	数量	备注
15	T15	φ5.8 钻头	1	
16	T16	φ6 铰刀	1	
17	T17	φ35 硬质合金立铣刀	1	
编制		审核		编制日期

4. 确定装夹方案

该零件毛坯的外形比较规则，因此在加工上下表面、台阶面及孔系时，选用平口钳加紧；在铣削外轮廓时，采用"一面两孔"定位方式，即以底面 C、φ32H7 孔和φ12H7 孔定位。

五、编程与仿真

(1) 铣台阶面，如图 3-13 所示。

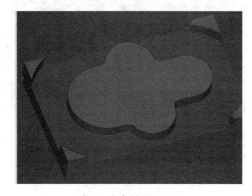

(a) 仿真刀轨　　　　　　　　　　　　　(b) 仿真效果

图 3-13　铣台阶面

(2) 钻中心孔，如图 3-14 所示。

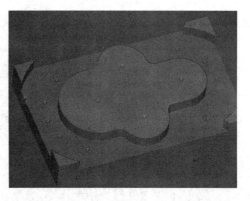

(a) 仿真刀轨　　　　　　　　　　　　　(b) 仿真效果

图 3-14　钻中心孔

(3) 钻φ32H7 孔至φ27mm，如图 3-15 所示。

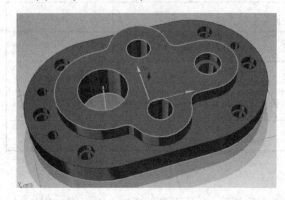 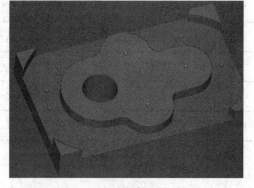

　　　　(a) 仿真刀轨　　　　　　　　　　　　(b) 仿真效果

图 3-15　钻φ32H7 孔至φ27 mm

(4) 粗、精镗φ32H7 孔，如图 3-16 所示。

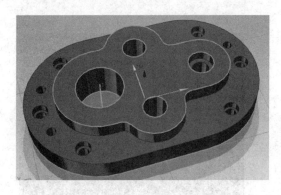 

　　　　(a) 仿真刀轨　　　　　　　　　　　　(b) 仿真效果

图 3-16　粗、精镗φ32H7 孔

(5) 钻φ12H7 孔至 11.8 mm，如图 3-17 所示。

 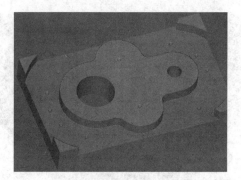

　　　　(a) 仿真刀轨　　　　　　　　　　　　(b) 仿真效果

图 3-17　钻φ12H7 孔至 11.8 mm

(6) 锪φ18 mm 孔，如图 3-18 所示。

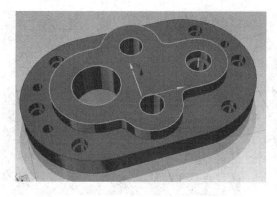 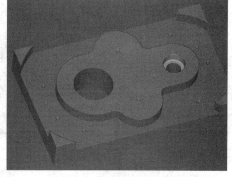

(a) 仿真刀轨　　　　　　　　　　　　　　(b) 仿真效果

图 3-18　锪φ18 mm 孔

(7) 铰φ12H7 孔，如图 3-19 所示。

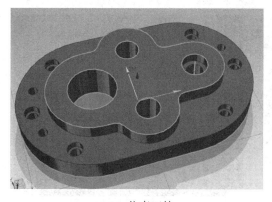 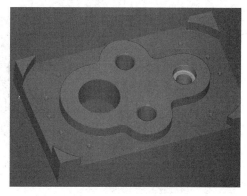

(a) 仿真刀轨　　　　　　　　　　　　　　(b) 仿真效果

图 3-19　铰φ12H7 孔

(8) 钻 2×M16 孔至φ14 mm，如图 3-20 所示。

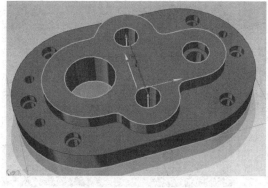 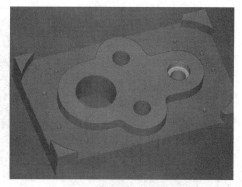

(a) 仿真刀轨　　　　　　　　　　　　　　(b) 仿真效果

图 3-20　钻 2×M16 孔至φ14 mm

(9) 2 × M16 孔倒角，如图 3-21 所示。

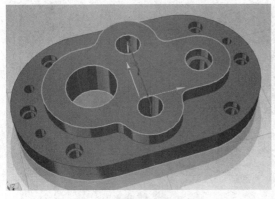

(a) 仿真刀轨　　　　　　　　　　　(b) 仿真效果

图 3-21　2 × M16 孔倒角

(10) 攻 2 × M16 螺纹孔，如图 3-22 所示。

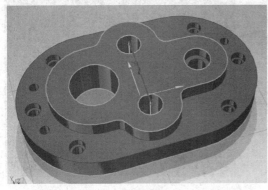

(a) 仿真刀轨　　　　　　　　　　　(b) 仿真效果

图 3-22　攻 2 × M16 螺纹孔

(11) 钻 6 × φ7 mm 孔至φ6.8 mm，如图 3-23 所示。

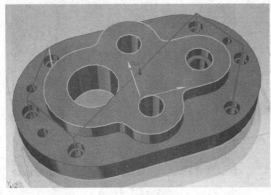

(a) 仿真刀轨　　　　　　　　　　　(b) 仿真效果

图 3-23　钻 6 × φ7 mm 孔至φ6.8 mm

(12) 锪 6×φ10 mm 孔，如图 3-24 所示。

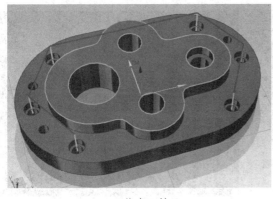 

(a) 仿真刀轨 　　　　　　　　　　　　(b) 仿真效果

图 3-24　锪 6×φ10 mm 孔

(13) 铰 6×φ7 mm 孔，如图 3-25 所示。

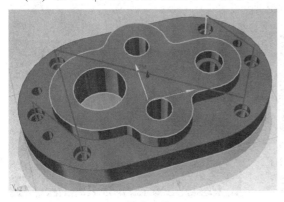 

(a) 仿真刀轨 　　　　　　　　　　　　(b) 仿真效果

图 3-25　铰 6×φ7 mm 孔

(14) 钻 2×φ6H8 孔至φ5.8 mm，如图 3-26 所示。

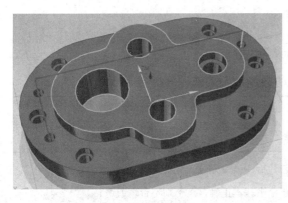 

(a) 仿真刀轨 　　　　　　　　　　　　(b) 仿真效果

图 3-26　钻 2×φ6H8 孔至φ5.8 mm

(15) 铰 2 × φ6H8 孔，如图 3-27 所示。

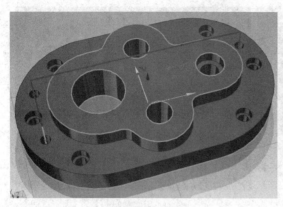

(a) 仿真刀轨　　　　　　　　　　　　(b) 仿真效果

图 3-27　铰 2 × φ6H8 孔

(16) 一面两孔定位铣外轮廓，如图 3-28 所示。

(a) 仿真刀轨　　　　　　　　　　　　(b) 仿真效果

图 3-28　一面两孔定位铣外轮廓

六、评分标准

泵盖零件的数控加工工艺评分标准如表 3-6 所示。

表 3-6　泵盖零件的数控加工工艺评分标准

序号	项目与技术要求	配分	评 分 标 准	自评	师评
1	工艺分析正确性及充分性	20	1. 工艺分析正确且充分，17-20 分； 2. 工艺分析基本正确，有个别不合适或遗漏，12-16 分； 3. 工艺分析较差，0-11 分		

续表

序号	项目与技术要求	配分	评 分 标 准	自评	师评
2	装夹和定位方案正确性	20	1. 装夹和定位方案正确，且有合理分析，17-20 分； 2. 装夹和定位较合适但无分析或者分析不完整合理，12-16 分； 3. 装夹和定位方案不大合适，0-11 分		
3	工序及工艺路线合适性	20	1. 工序及工艺路线安排较合适，17-20 分； 2. 工序及工艺路线安排有部分不合适，12-16 分； 3. 工序及工艺路线安排合理性较差，0-11 分		
4	刀具与切削参数选用合理性，工艺文件规范性	20	1. 刀具与切削参数合理，工艺文件规范性较好，17-20 分； 2. 刀具与切削参数少数不合适或工艺文件有些不规范，12-16 分； 3. 刀具与切削参数部分不合适，工艺文件规范性较差，0-11 分		
5	加工程序和仿真刀轨正确性	20	1. 加工程序和仿真刀轨基本正确，17-20 分； 2. 加工程序和仿真刀轨有个别不合适之处，12-16 分； 3. 加工程序和仿真刀轨有多处错误，0-11 分		
6	合　　计	100	总　　分		

3.2.3　凸块零件的数控加工工艺

一、项目任务书

(1) 根据图纸要求(如图 3-29 所示)，查阅相关资料，进行工艺分析及参数的选择，选取所需要的刀具、夹具、毛坯及机床，对零件进行加工。

(2) 材料为 45 钢，毛坯为 120 mm × 100 mm × 45 mm。

(3) 用 UG 建立加工仿真，模拟刀轨，可以有选择地修改一些参数，提高表面质量，优化加工过程。

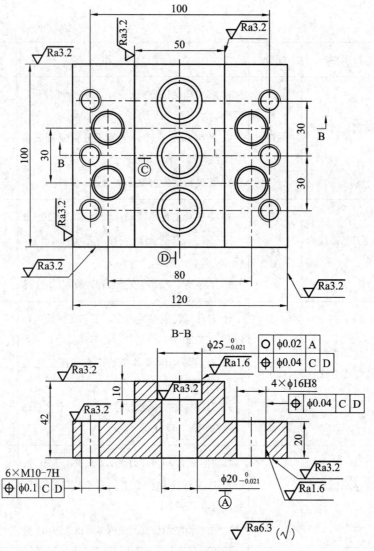

图 3-29　凸块零件图

二、加工工艺分析

1. 分析零件工艺性能

如图 3-29 所示,该零件外形尺寸为 120 mm × 100 mm × 42 mm(长×宽×高),属于盘类小零件。宽 100 mm 的两侧面、宽 50 mm 的凸台两侧面和上下面要求表面粗糙度值为 3.2 μm,120 mm 两侧面不要求加工。孔分布在上、中两个平面上且中平面中间有凸台不连续,中平面上有 6 × M10-7H 螺纹孔、4 × φ16H8 孔,上平面上有 φ25H7、φ20H7 同轴孔。螺纹孔位置精度是 φ0.1 mm,所有光孔的位置精度是 φ0.04 mm,光孔的孔径公差为 H7、H8,φ25H7 和 φ20H7 的同轴度公差为 φ0.02 mm,光孔的表面粗糙度值为 1.6 μm,光孔孔径较小,精度要求高。该零件以孔加工为主,面加工尺寸精度要求不高。

2. 选定加工内容

底平面、尺寸 120 mm 和尺寸 100 mm 的四侧面在普通机床上加工完成后上加工中心加工顶面、凸台及所有孔，以保证孔的位置精度等。

3. 选用毛坯或明确材料状况

现有零件半成品，其外形尺寸为 120 mm×100 mm×45 mm，六面全部加工过，且除 45mm 高度尺寸的一侧面表面粗糙度值未达到 3.2 μm 外，其余各面均已达图样所注的表面粗糙度要求。

4. 确定装夹方案

选用台虎钳装夹工件。底面朝下垫平，工件毛坯面高出台虎钳 22 mm(凸台高)+3 mm(安全高度)+3 mm(预留加工余量)=28 mm，夹尺寸为 100 mm 的两侧面，尺寸为 120 mm 任一侧面与台虎钳侧面取平夹紧，这样就可以限制 6 个自由度，工件处于完全定位状态。

5. 确定加工方案

顶面：粗铣→精铣。

凸台：粗铣→精铣。

6×M10-7H：钻中心孔→钻底孔→倒角→攻螺纹。

4×φ16H8：钻中心孔→钻底孔→扩孔→倒角→铰孔。

3×φ20H7：钻中心孔→钻底孔→扩孔→粗镗→精镗。

3×φ25H7：粗镗→精镗。

三、加工设备选择

机床选择原则：

(1) 机床的加工尺寸范围应与加工零件要求的尺寸相适应。

(2) 机床的工作精度应与工序要求的精度相适应。

(3) 机床的选择应与零件的生产类型相适应。

加工零件毛坯：120 mm×100 mm×45 mm。

选择设备名称：XH714 加工中心。

XH714 加工中心特点：

(1) 机床基础件均采用米汉纳铸铁，超宽的机座设计，单立柱结构配备高速主轴为机床提供最佳的结构支撑及最佳的切削刚性表现。

(2) 三轴丝杠均采用台湾上银 C3 级滚珠丝杠，完全预紧设计，X、Y、Z 丝杠螺距为 8 mm，最快移动速度可达 18 m/min，再采用高应答性 AC 伺服控制轴向马达直接驱动，无背隙产生，保证了机床高速运行效能及精确的定位控制。

(3) X、Y、Z 三向导轨材料采用铸铁，淬硬后精磨，配合面贴塑，导轨接触精度高，低速时无爬行现象，并具有良好的耐磨性和精度保持性。

(4) 主轴标准配置为台湾普森高精度主轴单元，内锥为 BT40，转速为 40～8000 r/min，配有日本 NSK 轴承，以保证主轴刚性需要。

(5) 主轴电机为 5.5 kW 主轴伺服或 7.5 kW 变频电机，同步带 1:1 传动，噪音低。

(6) 主轴轴承：日本 NSK 或那奇轴承。

(7) 联轴器：日本三木或伊凡诺斯。

(8) 机床配备定时、定量自动润滑装置，能精确向机床各导轨及丝杠供油，充分满足机床的润滑需要，延长机床的使用寿命。

(9) 机床冷却系统配备高扬程冷却系统，其一用于机床主轴切削冷却；其二用于铁屑的强力冲刷，保持洁净的工作空间。

(10) 整机采用全封闭式防护结构，可有效保护操作者的人身安全并减少对生产作业环境的污染。

(11) 机床采用氮气配重，可满足机床导轨高速运行。

四、加工工艺制定

1. 确定切削用量

数控编程时，编程人员必须确定每道工序的切削用量，并以指令的形式写入程序中。切削用量包括主轴转速、背吃刀量及进给速度等。对于不同的加工方法，需要选用不同的切削用量。切削用量的选择原则是：保证零件加工精度和表面粗糙度，充分发挥刀具切削性能，保证合理的刀具耐用度；充分发挥机床的性能，最大限度提高生产率，降低成本。

1) 主轴转速的确定

主轴转速应根据允许的切削速度和工件(或刀具)直径来选择。其计算公式为

$$n = \frac{1000v}{\pi D}$$

式中，v 为切削速度，单位为 m/min，由刀具的耐用度决定；n 为主轴转速，单位为 r/min；D 为工件直径或刀具直径，单位为 mm。

主轴转速 n 最后要根据机床说明书选取机床有的或较接近的。

2) 进给速度的确定

进给速度是数控机床切削用量中的重要参数，主要根据零件的加工精度和表面粗糙度要求以及刀具、工件的材料性质选取。最大进给速度受机床刚度和进给系统的性能限制。

确定进给速度的原则：

(1) 当工件的质量要求能够得到保证时，为提高生产效率，可选择较高的进给速度。一般在 100~200 mm/min 范围内选取。

(2) 在切断、加工深孔或用高速钢刀具加工时，宜选择较低的进给速度，一般在 20~50 mm/min 范围内选取。

(3) 当加工精度、表面粗糙度要求高时，进给速度应选小些，一般在 20~50 mm/min 范围内选取。

(4) 刀具空行程时，特别是远距离"回零"时，可以选取该机床数控系统设定的最高进给速度。

3) 背吃刀量确定

背吃刀量根据机床、工件和刀具的刚度来决定，在刚度允许的条件下，应尽可能使背吃刀量等于工件的加工余量，这样可以减少走刀次数，提高生产效率。为了保证加工表面

质量，可留少量精加工余量，一般为 0.2～0.5 mm。总之，切削用量的具体数值应根据机床性能、相关的手册并结合实际经验用类比方法确定。同时，使主轴转速、切削速度及进给速度三者能相互适应，以形成最佳切削用量。

综合考虑各因素，凸块零件的数控加工工序卡片如表 3-7 所示。

表 3-7　凸块零件的数控加工工序卡片

零件名称				凸块零件				
组员姓名								
材料牌号	45 钢	毛坯种类		盘类		毛坯外形尺寸	120 mm×100 mm ×45 mm	
序号	工步内容		刀号	刀具规格	主轴转速 /(r/min)	进给速度 /(mm/min)	背吃刀量 /mm	备注
1	粗铣顶面		T01	φ100 面铣刀	500	200	2.8 100	
2	精铣顶面		T01	φ100 面铣刀	500	150	0.2 100	
3	粗铣凸块		T02	φ40 立铣刀	180	50	21.8 34.5	
4	精铣凸块		T02	φ40 立铣刀	200	40	0.2 0.5	
5	钻中心孔		T03	φ16 中心钻	800	70	1	
6	钻底孔		T04	φ8.6 钻头	700	70	4.3	
7	扩φ16 mm 孔		T05	φ15.8 钻头	300	60	3.6	
8	扩φ20 mm 孔		T06	φ19 钻头	200	50	5.2	
9	倒角		T06	φ19 钻头	200	40		
10	粗镗φ20 mm 孔		T07	φ19.9 镗刀	1200	120	0.4	
11	粗镗φ25 mm 孔		T08	φ24.9 平底镗刀	1000	100	2.5	
12	精镗φ20 mm 孔		T09	φ20H7 镗刀	1200	100	0.1	
13	精镗φ25 mm 孔		T10	φ25H7 镗刀	1000	80	0.1	
14	铰φ16 mm 孔		T11	φ16H8 铰刀	150	70	0.1	
15	攻 M10-7H 螺纹		T12	M10 丝锥	200	300		
编制		审核			编制日期		指导老师	

2. 选择数控加工刀具

铣刀种类及几何尺寸根据被加工表面的形状及尺寸选择。本例数控铣削工序选用面铣刀、立铣刀来加工工件表面，刀具材料为高速钢；选用钻头、镗刀、铰刀和丝锥来加工孔，钻头选用的刀具材料为高速钢，其余刀具材料为硬质合金钢。凸块零件的数控加工刀具卡片如表 3-8 所示。

表 3-8　凸块零件的数控加工刀具卡片

凸块零件				
序号	刀具编号	刀具规格/mm	数量	备　注
1	T01	ϕ100 面铣刀	1	铣顶面
2	T02	ϕ40 立铣刀	1	铣凸台
3	T03	ϕ16 中心钻	1	钻中心孔
4	T04	ϕ8.6 麻花钻	1	钻通孔
5	T05	ϕ15.8 麻花钻	1	扩ϕ16 mm 孔
6	T06	ϕ19 麻花钻	1	扩ϕ20 mm 孔
7	T07	ϕ19.9 镗刀	1	粗镗ϕ20 mm 孔
8	T08	ϕ24.9 镗刀	1	粗镗ϕ25 mm 孔
9	T09	ϕ20H7 镗刀	1	精镗ϕ20 mm 孔
10	T10	ϕ25H7 镗刀	1	精镗ϕ25 mm 孔
11	T11	ϕ16H8 铰刀	1	铰ϕ16 mm 孔
12	T12	M10 机用丝锥	1	攻丝
编制		审核	日期	指导老师

五、编程与仿真

(1) 粗铣凸块，如图 3-30 所示。

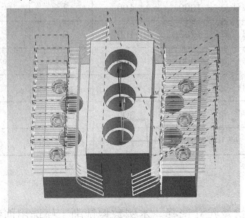

(a) 仿真刀轨

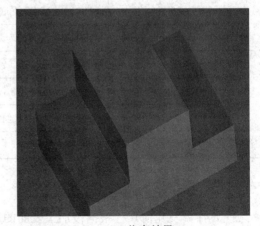

(b) 仿真效果

图 3-30　粗铣凸块

(2) 精铣凸块，如图 3-31 所示。

(a) 仿真刀轨

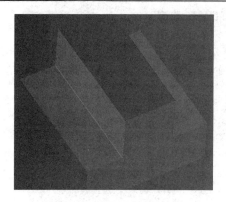

(b) 仿真效果

图 3-31　精铣凸块

(3) 钻中心孔，如图 3-32 所示。

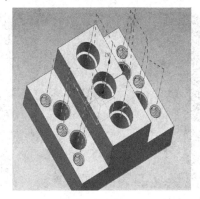

(a) 仿真刀轨

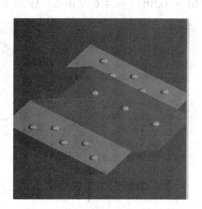

(b) 仿真效果

图 3-32　钻中心孔

(4) 钻 ϕ8.6 mm 通孔，如图 3-33 所示。

(a) 仿真刀轨

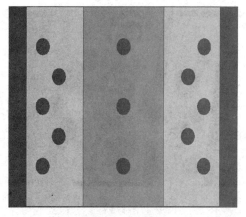

(b) 仿真效果

图 3-33　钻 ϕ8.6 mm 通孔

(5) 扩 ϕ16H8 孔至 ϕ15.8 mm，如图 3-34 所示。

(a) 仿真刀轨

(b) 仿真效果

图 3-34 扩 ϕ16H8 孔至 ϕ15.8 mm

(6) 扩 ϕ20H7 孔至 ϕ19 mm，如图 3-35 所示。

(a) 仿真刀轨

(b) 仿真效果

图 3-35 扩 ϕ20H7 孔至 ϕ19 mm

(7) 6×M10 孔口倒角 C1，如图 3-36 所示。

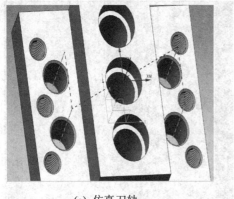
(a) 仿真刀轨

(b) 仿真效果

图 3-36 6×M10 孔口倒角 C1

(8) 4×ϕ16H8 孔口倒角 C1，如图 3-37 所示。

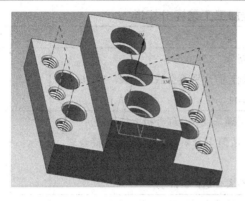

|　　(a) 仿真刀轨　　　　　　　　　　　　　　(b) 仿真效果|

图 3-37　4 × φ16H8 孔口倒角 C1

(9) 镗沉头孔，如图 3-38 所示。

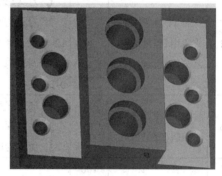

(a) 仿真刀轨　　　　　　　　　　　　　　　(b) 仿真效果

图 3-38　镗沉头孔

(10) 攻 6 × M10-7H 螺纹孔，如图 3-39 所示。

(a) 仿真刀轨　　　　　　　　　　　　　　　(b) 仿真效果

图 3-39　攻 6 × M10-7H 螺纹孔

六、评分标准

凸块零件的数控加工工艺评分标准如表 3-9 所示。

表 3-9　凸块零件的数控加工工艺评分标准

序号	项目与技术要求	配分	评 分 标 准	自评	师评
1	工艺分析正确性及充分性	20	1. 工艺分析正确且充分，17-20 分； 2. 工艺分析基本正确，有个别不合适或遗漏，12-16 分； 3. 工艺分析较差，0-11 分		
2	装夹和定位方案正确性	20	1. 装夹和定位方案正确，且有合理分析，17-20 分； 2. 装夹和定位较合适但无分析或者分析不完整合理，12-16 分； 3. 装夹和定位方案不大合适，0-11 分		
3	工序及工艺路线合适性	20	1. 工序及工艺路线安排较合适，17-20 分； 2. 工序及工艺路线安排有部分不合适，12-16 分； 3. 工序及工艺路线安排合理性较差，0-11 分		
4	刀具与切削参数选用合理性，工艺文件规范性	20	1. 刀具与切削参数合理，工艺文件规范性较好，17-20 分； 2. 刀具与切削参数少数不合适或工艺文件有些不规范，12-16 分； 3. 刀具与切削参数部分不合适，工艺文件规范性较差，0-11 分		
5	加工程序和仿真刀轨正确性	20	1. 加工程序和仿真刀轨基本正确，17-20 分； 2. 加工程序和仿真刀轨有个别不合适之处，12-16 分； 3. 加工程序和仿真刀轨有多处错误，0-11 分		
6	合　　计	100	总　　分		

3.2.4　铣床变速箱零件的加工工艺

一、项目任务书

(1) 加工零件(见图 3-40)毛坯最大尺寸为 312 mm×335 mm×230 mm，箱体毛坯为铸件，壁厚不均，毛坯余量较大，除了ϕ20 mm 以下孔毛坯未铸出外，其余孔均已铸出毛坯孔。

(2) 制定出合理的数控加工工艺文件。

二、加工工艺分析

该箱体毛坯为铸件，壁厚不均，毛坯余量较大，除了ϕ20 mm 以下孔毛坯未铸出外，其余孔均已铸出毛坯孔。主要加工表面集中在箱体左右两壁上(相对于 L-L 剖视图)，基本上是孔系。主要配合表面的尺寸精度为 IT7 级。为了保证变速箱体内齿轮的啮合精度，孔系之间以及孔系内各孔之间均提出了较高的相互位置精度要求，其中Ⅰ孔对Ⅱ孔、Ⅱ孔对Ⅲ孔的平行度以及Ⅰ、Ⅱ、Ⅲ孔内各孔之间的同轴度均为 0.02 mm，还有孔与平面以及端面与孔的垂直度要求。为了提高加工效率和保证各加工表面之间的相互位置精度，要尽可能在一次装夹下完成绝大部分表面的加工。

因此，选择下列表面在加工中心上加工：Ⅰ孔中的φ52J7、φ62J7 和φ125H8 孔，Ⅱ孔中的 2×φ62J7 孔和 2×φ65H12 槽，Ⅲ孔中的φ80 mm、φ95H7 和φ131 mm 孔，Ⅲ孔左端面上的 4×M8-6H 螺纹孔和 40 mm 左侧面。

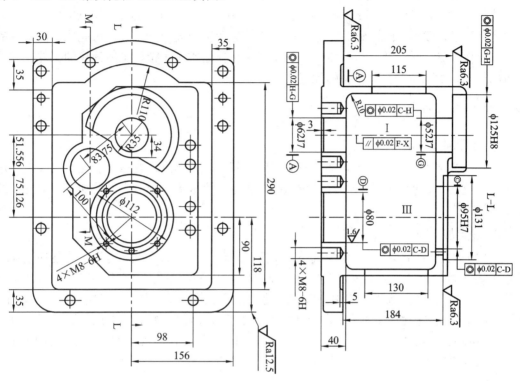

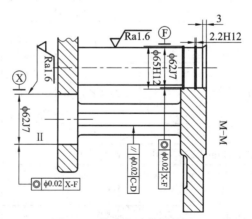

图 3-40　铣床变速箱零件图

三、加工设备选择

加工零件毛坯最大尺寸：312 mm × 335 mm × 230 mm。

设备名称：日本马扎克 NEXUS 8800 Ⅱ。

主电机功率(kW)：37。

工作台尺寸：800 × 800 mm。

行程(X/Y/Z 轴)：1325 mm。

最大工件尺寸：φ1450 mm × 1450 mm。

选择理由：选择日产的卧式加工中心加工该工件，机床配有 MAZATAL CAM-2 数控系统，具有三坐标联动，由机械手自动换刀，刀库容量为 60 把，一次装夹可完成不同工位的钻、扩、铰、铣、镗、攻螺纹等工序。加工变速箱体这类多工位、工序密集的工件，与普通机床相比，加工中心有其独特的优越性。

四、加工工艺制定

1. 选择加工方法

为了提高加工效率和保证各加工表面之间的相互位置精度，要尽可能在一次装夹下进行不同工位的钻、扩、铰、铣、镗、攻螺纹等工序，完成绝大部分表面的加工。因此，选择卧式加工中心加工该工件。

2. 确定加工顺序

根据加工部位的形状、尺寸的大小、精度要求的高低、有无毛坯孔等，为使切削加工过程中切削力和加工变形不致过大，以及前面加工中所产生的变形(误差)能在后续加工中切除，各孔的加工都遵循先粗后精的原则。全部配合孔均需从粗加工、半精加工到精加工，即先完成全部孔的粗加工，再完成各个孔的半精加工和精加工。为了保证加工孔的位置正确，在加工中心上对实心材料钻孔前，均先锪孔口平面、钻中心孔，然后才能对其进行粗加工。

同轴孔系的加工，全部从左右两侧进行，即"掉头加工"。

具体加工工序见表 3-10。

表 3-10　铣床变速箱的数控加工工序卡片

零件名称				铣床变速箱零件				
组员姓名								
材料牌号	45 钢	毛坯种类		铸件	毛坯外形尺寸		312 mm × 335 mm × 230 mm	
序号	工 步 内 容		刀号	刀具规格/mm	主轴转速/(r/min)	进给速度/(mm/min)	背吃刀量/mm	备注
B0°								
1	粗铣φ125H8 孔至φ124.85 mm		T01	φ45 铣刀	150	60		
2	粗铣φ131mm 台，Z 向留 0.1 mm 余量		T01	φ45 铣刀	150	60		
3	粗镗φ95H7 孔至φ94.2mm		T02	φ94.2 镗刀	180	100		
4	粗镗φ62J7 孔至φ61.2mm		T03	φ61.2 镗刀	250	80		
5	粗镗φ52J7 孔至φ51.2mm		T04	φ51.2 镗刀	350	60		
6	锪平 4 × φ16H8 孔端面		T05	专用刀具	600	40		
7	钻 4 × φ16H8 中心孔		T06	φ4 中心钻	1000	80		
8	钻 4 × φ16H8 孔至φ15 mm		T07	φ15 钻头	600	60		

续表

序号	工步内容	刀号	刀具规格/mm	主轴转速/(r/min)	进给速度/(mm/min)	背吃刀量/mm	备注
B180°							
9	铣底面凸台	T08	φ120 铣刀	300	60		
10	粗镗φ80J7 孔至φ79.2mm	T09	φ79.2 镗刀	250	80		
11	粗镗φ62J7 孔至φ61.2mm	T10	φ61.2 镗刀	250	80		
12	粗镗φ52J7 孔至φ51.2mm	T11	φ51.2 镗刀	600	40		
13	锪平 4×φ20H8 孔端面	T05	专用刀具	1000	80		
14	钻 4×φ20H8、4×M8 中心孔	T06	φ4 中心钻	500	60		
15	钻 4×φ20H8 孔至φ18.5 mm	T12	φ18.5 钻头	800	80		
16	钻 4×M8-6H 底孔至φ6.7 mm	T13	φ6.7 钻头	800	60		
B0°							
17	精镗φ125H8 孔	T14	φ125 镗刀	150	80		
18	精铣φ131 mm 孔	T01	φ45 铣刀	250	40		
19	半精镗φ95H7 孔至φ94.85 mm	T15	φ94.85 镗刀	250	60		
20	精镗φ95H7 孔	T16	φ95 镗刀	320	40		
21	半精镗φ62J7 至φ61.85 mm	T17	φ61.85 镗刀	350	40		
22	精镗φ62J7 孔	T18	φ62 镗刀	450	50		
23	半精镗φ52J7 孔至φ51.85 mm	T19	φ51.85 镗刀	400	40		
24	精镗φ52J7 孔	T20	φ52 镗刀	450	50		
25	半精镗 4×φ16H8 孔至φ15.85 mm	T21	φ15.85 镗刀	250	50		
26	铰 4×φ16H8 孔	T22	φ16 铰刀	80			
B180°							
27	半精镗φ80J7 孔至φ79.85 mm	T23	φ79.85 镗刀	270	40		
28	φ80J7 孔端倒角	T24	φ89 倒角刀	100	40		
29	精镗φ80J7 孔	T25	φ80 镗刀	400	60		
30	半精镗φ62J7 孔至φ61.85 mm	T17	φ61.85 镗刀	350	40		
31	φ62J7 孔端倒角	T26	φ69 倒角刀	100	20		
32	圆弧插补方式切二卡簧槽	T27	专用刀具	150	40		
33	精镗φ62J7 孔	T18	φ62 镗刀	450	60		
34	半精镗φ52J7 孔至φ51.85 mm	T19	φ51.85 镗刀	350	40		
35	φ52J7 孔端倒角	T28	φ59 倒角刀	100	40		
36	精镗φ52J7 孔	T20	φ52 镗刀	450	50		
37	镗 4×φ20H8 孔至φ19.85 mm	T29	φ19.85 镗刀	800	50		
38	铰 4×φ20H8 孔至φ20 mm	T30	φ20 铰刀	60	90		
39	攻 4×M8-6H 螺纹孔	T31	M8 丝攻	90	90		
编制		审核		编制日期		指导老师	

3. 确定装夹方案和选择夹具

选用组合夹具，以箱体上的 M、S 和 N 面定位。M 面向下放置在夹具水平定位面上，S 面靠在竖直定位面上，N 面靠在 X 向定位面上。

4. 选择刀具

刀具的选择见表 3-11。

表 3-11　铣床变速箱数控加工刀具卡片

				铣床变速箱数控加工刀具卡片
序号	刀具编号	刀具规格、名称/mm	数量	备 注
1	T01	φ45 铣刀	1	铣φ125H8 孔、铣φ131 mm 台
2	T02	φ94.2 镗刀	1	粗镗φ95H7 孔至φ94.2 mm
3	T03	φ61.2 镗刀	1	粗镗φ62J7 孔至φ61.2 mm
4	T04	φ51.2 镗刀	1	粗镗φ52J7 孔至φ51.2 mm
5	T05	专用刀具	1	锪平 4×φ16H8 和 4×φ20H8 孔端面
6	T06	φ4 中心钻	1	钻 4×φ16H8、4×φ20H8、4×M8 中心孔
7	T07	φ15 钻头	1	钻 4×φ16H8 孔至φ15 mm
8	T08	φ120 铣刀	1	铣底面凸台
9	T09	φ79.2 镗刀	1	粗镗φ80J7 孔至φ79.2 mm
10	T10	φ61.2 镗刀	1	粗镗φ62J7 孔至φ61.2 mm
11	T11	φ51.2 镗刀	1	粗镗φ52J7 孔至φ51.2 mm
12	T12	φ18.5 钻头	1	钻 4×φ20H8 孔至φ18.5 mm
13	T13	φ6.7 钻头	1	钻 4×M8-6H 底孔至φ6.7 mm
14	T14	φ125 镗刀	1	精镗φ125H8 孔
15	T15	φ94.85 镗刀	1	半精镗φ95H7 孔至φ94.85 mm
16	T16	φ95 镗刀	1	精镗φ95H7 孔
17	T17	φ61.85 镗刀	1	半精镗φ62J7 孔至φ61.85 mm
18	T18	φ62 镗刀	1	精镗φ62J7 孔
19	T19	φ51.85 镗刀	1	半精镗φ52J7 孔至φ51.85 mm
20	T20	φ52 镗刀	1	精镗φ52J7 孔
21	T21	φ15.85 镗刀	1	半精镗 4×φ16H8 孔至φ15.85 mm
22	T22	φ16 铰刀	1	铰 4×φ16H8 孔
23	T23	φ79.85 镗刀	1	半精镗φ80J7 孔至φ79.85 mm
24	T24	φ89 倒角刀	1	φ80J7 孔端倒角
25	T25	φ80 镗刀	1	精镗φ80J7 孔
26	T26	φ69 倒角刀	1	φ62J7 孔端倒角
27	T27	专用刀具	1	圆弧插补方式切二卡簧槽
28	T28	φ59 倒角刀	1	φ52J7 孔端倒角
29	T29	φ19.85 镗刀	1	镗 4×φ20H8 孔至φ19.85 mm
30	T30	φ20 铰刀	1	铰 4×φ20H8 孔至φ20 mm
31	T31	M8 丝攻	1	攻 4×M8-6H 螺纹孔
编制		审核		日期　　　　　　指导老师

5. 选择切削用量(含有计算)

1) 背吃刀量 a_p(端铣)或侧吃刀量 a_c(圆周铣)

工件表面粗糙度要求为 3.2～12.5 μm 时，分粗铣和半精铣两步铣削加工，粗铣后留半精铣余量 0.5～1.0 mm。工件表面粗糙度要求为 0.8～3.2 μm 时，可分粗铣、半精铣、精铣三步铣削加工。半精铣时，端铣背吃刀量或圆周铣侧吃刀量取 1.5～2 mm；精铣时圆周铣侧吃刀量取 0.3～0.5 mm，端铣背吃刀量取 0.5～1 mm。

2) 进给速度 v_f

进给速度指单位时间内工件与铣刀沿进给方向的相对位移，单位为 mm/min。它与铣刀转速 n、铣刀齿数 Z 及每齿进给量 F_z(单位为 mm/min)有关(见表 3-12)。

进给速度的计算公式为

$$v_f = F_z Z n$$

表 3-12　铣刀每齿进给量 f_z 参考表

工件材料	每齿进给量 F_z / (mm/min)			
	粗　铣		精　铣	
	高速钢铣刀	硬质合金铣刀	高速钢铣刀	硬质合金铣刀
钢	0.10～0.15 mm	0.10～0.25 mm	0.02～0.05 mm	0.10～0.15 mm
铸铁	0.12～0.20 mm	0.15～0.30 mm		

3) 切削速度

铣削的切削速度(见表 3-13)与刀具耐用度 T、每齿进给量 F_z、背吃刀量 a_p、侧吃刀量 a_e 以及铣刀齿数 Z 成反比，与铣刀直径 D 成正比。其原因是 F_z、a_p、a_e、Z 增大时，使同时工作齿数增多，刀刃负荷和切削热增加，加快刀具磨损，因此刀具耐用度限制了切削速度的提高。如果加大铣刀直径则可以改善散热条件，相应提高切削速度。

表 3-13　铣削时的切削速度参考表

工件材料	硬度	切削速度 v_c (m/min)	
		高速钢铣刀	硬质合金铣刀
钢	<225	18～42	66～150
	225～325	12～36	54～120
	325～425	6～21	36～75
铸铁	<190	21～36	66～150
	190～260	9～18	45～90
	160～320	4.5～10	21～30

五、编程与仿真

(1) 粗铣 I 孔中φ125H8 孔至φ124.85 mm，如图 3-41 所示。

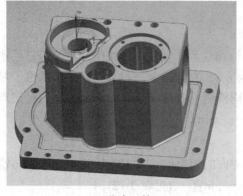

(a) 仿真刀轨　　　　　　　　　　　　　　　　(b) 仿真效果

图 3-41　粗铣 I 孔中φ125H8 孔至φ124.85 mm

(2) 粗铣Ⅲ孔中φ131 mm 台，Z 向留 0.1 mm 余量，如图 3-42 所示。

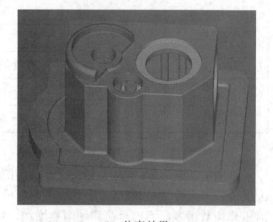

(a) 仿真刀轨　　　　　　　　　　　　　　　　(b) 仿真效果

图 3-42　粗铣Ⅲ孔中φ131 mm 台

(3) 粗镗φ95H7 孔至φ94.2 mm，如图 3-43 所示。

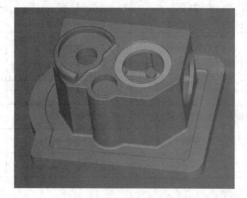

(a) 仿真刀轨　　　　　　　　　　　　　　　　(b) 仿真效果

图 3-43　粗镗φ95H7 孔至φ94.2 mm

(4) 粗镗φ62J7 孔至φ61.2 mm，如图 3-44 所示。

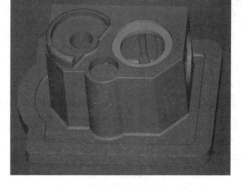

(a) 仿真刀轨　　　　　　　　　　　　　(b) 仿真效果

图 3-44　粗镗ϕ62J7 孔至ϕ61.2 mm

(5) 粗镗ϕ52J7 孔至ϕ51.2 mm，如图 3-45 所示。

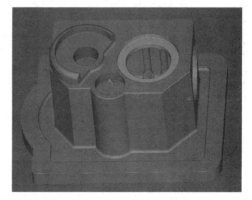

(a) 仿真刀轨　　　　　　　　　　　　　(b) 仿真效果

图 3-45　粗镗ϕ52J7 孔至ϕ51.2 mm

(6) 用专用铣刀锪平 4 × ϕ16H8 孔端面，图略。

(7) 钻 4 × ϕ16H8 中心孔，如图 3-46 所示。

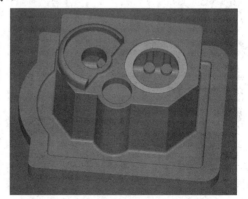

(a) 仿真刀轨　　　　　　　　　　　　　(b) 仿真效果

图 3-46　钻 4 × ϕ16H8 中心孔

(8) 钻 4 × ϕ16H8 孔至 ϕ15 mm，如图 3-47 所示。

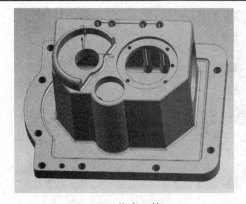

(a) 仿真刀轨

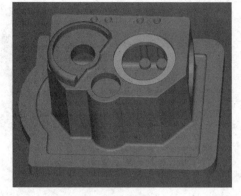

(b) 仿真效果

图 3-47　钻 4× φ16H8 孔至 φ15 mm

(9) 铣底面凸台，如图 3-48 所示。

(a) 仿真刀轨

(b) 仿真效果

图 3-48　铣底面凸台

(10) 粗镗 φ80J7 孔至 φ79.2 mm，如图 3-49 所示。

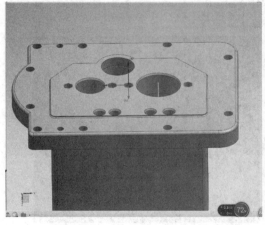

(a) 仿真刀轨

(b) 仿真效果

图 3-49　粗镗 φ80J7 孔至 φ79.2 mm

(11) 粗镗 φ62J7 孔至 φ61.2 mm，如图 3-50 所示。

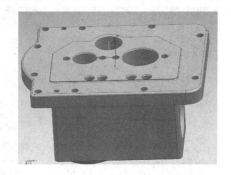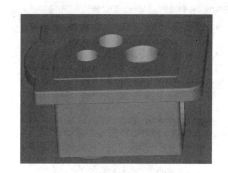

(a) 仿真刀轨　　　　　　　　　　　　　　(b) 仿真效果

图 3-50　粗镗 φ62J7 孔至 φ61.2 mm

(12) 粗镗 φ52J7 孔至 φ51.2 mm，如图 3-51 所示。

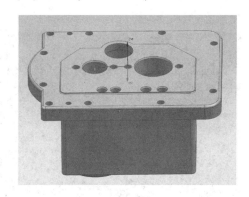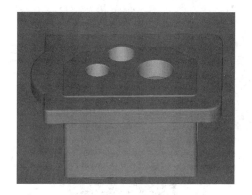

(a) 仿真刀轨　　　　　　　　　　　　　　(b) 仿真效果

图 3-51　粗镗 φ52J7 孔至 φ51.2 mm

(13) 锪平 4 × φ20H8 孔端面，图略

(14) 钻 4 × φ20H8、4 × M8 中心孔，如图 3-52 所示。

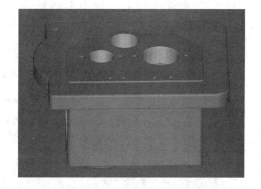

(a) 仿真刀轨　　　　　　　　　　　　　　(b) 仿真效果

图 3-52　钻 4 × φ20H8、4 × M8 中心孔

(15) 钻 4 × φ20H8 孔至 φ18.5 mm，如图 3-53 所示。

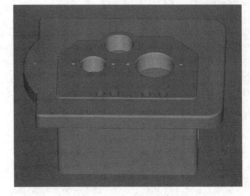

(a) 仿真刀轨　　　　　　　　　　　　(b) 仿真效果

图 3-53　钻 4 × φ20H8 孔至 φ18.5 mm

(16) 钻 2 × M8-6H 底孔至φ6.7 mm，如图 3-54 所示。

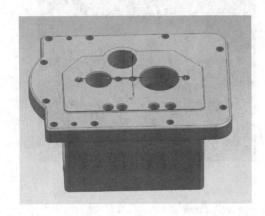
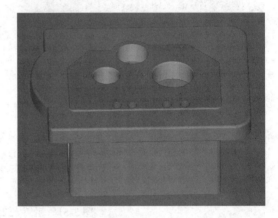

(a) 仿真刀轨　　　　　　　　　　　　(b) 仿真效果

图 3-54　钻 2 × M8-6H 底孔至φ6.7 mm

(17) 粗镗φ125H8 孔，如图 3-55 所示。

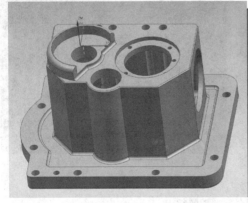

(a) 仿真刀轨　　　　　　　　　　　　(b) 仿真效果

图 3-55　粗镗φ125H8 孔

(18) 精铣φ131 mm 孔，如图 3-56 所示。

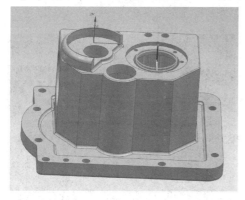 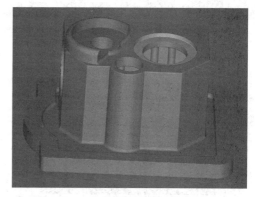

(a) 仿真刀轨   (b) 仿真效果

图 3-56 精铣φ131 mm 孔

(19) 半精镗φ95H7 孔至φ94.85 mm，如图 3-57 所示。

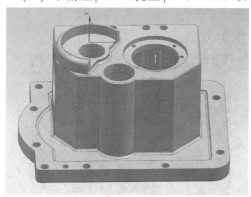 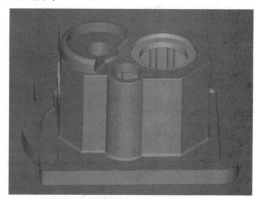

(a) 仿真刀轨   (b) 仿真效果

图 3-57 半精镗φ95H7 孔至φ94.85 mm

(20) 精镗φ95H7 孔，图略。

(21) 半精镗φ62J7 孔至φ61.85 mm，如图 3-58 所示。

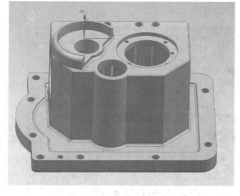 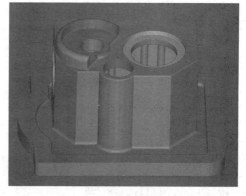

(a) 仿真刀轨   (b) 仿真效果

图 3-58 半精镗φ62J7 孔至φ61.85 mm

(22) 精镗φ62J7 孔，图略。

(23) 半精镗φ52J7 孔至φ51.85 mm，如图 3-59 所示。

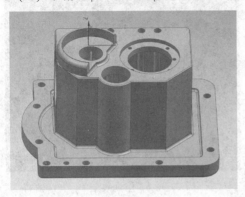

(a) 仿真刀轨　　　　　　　　　　　　(b) 仿真效果

图 3-59　半精镗φ52J7 孔至φ51.85 mm

(24) 精镗φ52J7 孔，图略。

(25) 半精镗 4×φ16H8 孔至φ15.85 mm，如图 3-60 所示。

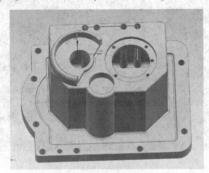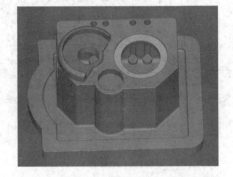

(a) 仿真刀轨　　　　　　　　　　　　(b) 仿真效果

图 3-60　半精镗 4×φ16H8 孔至φ15.85 mm

(26) 铰 4×φ16H8 孔，图略。

(27) 半精镗φ80J7 孔至φ79.85 mm，如图 3-61 所示。

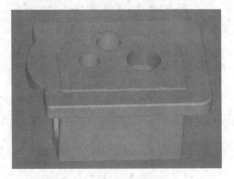

(a) 仿真刀轨　　　　　　　　　　　　(b) 仿真效果

图 3-61　半精镗φ80J7 孔至φ79.85 mm

(28) φ80J7 孔端倒角，图略。

(29) 精镗φ80J7 孔，图略。

(30) 半精镗Ⅱ孔中φ62J7 孔至φ61.85 mm，如图 3-62 所示。

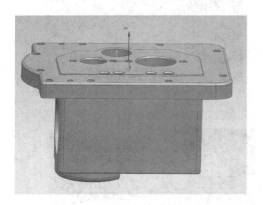 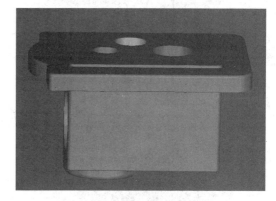

(a) 仿真刀轨   (b) 仿真效果

图 3-62 半精镗Ⅱ孔中φ62J7 至φ61.85 mm

(31) φ62J7 孔端倒角，图略。

(32) 圆弧插补方式切二卡簧槽。

(33) 精镗φ62J7 孔，图略。

(34) 半精镗φ52J7 孔至φ51.85 mm，如图 3-63 所示。

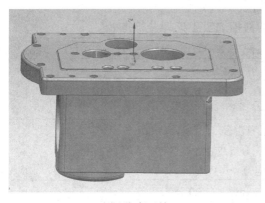 

(a) 仿真刀轨   (b) 仿真效果

图 3-63 半精镗φ52J7 孔至φ51.85 mm

(35) φ52J7 孔端倒角，图略。

(36) 精镗φ52J7 孔，图略。

(37) 半精镗 4 × φ20H8 孔至φ19.85 mm，如图 3-64 所示。

(38) 铰 4 × φ20H8 孔至φ20H8 孔，图略。

(39) 攻 4 × M8-6H 螺纹，如图 3-65 所示。

(a) 仿真刀轨

(b) 仿真效果

图 3-64　半精镗 4 × φ20H8 孔至 φ19.85 mm

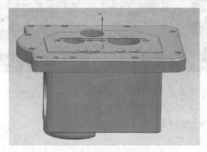
(a) 仿真刀轨

(b) 仿真效果

图 3-65　半精镗 4 × φ20H8 孔至 φ19.85 mm

六、评分标准

铣床变速箱零件的数据加工工艺评分标准如表 3-14 所示。

表 3-14　铣床变速箱零件的数控加工工艺评分标准

序号	项目与技术要求	配分	评 分 标 准	自评	师评
1	工艺分析正确性及充分性	20	1. 工艺分析正确且充分，17-20 分； 2. 工艺分析基本正确，有个别不合适或遗漏，12-16 分； 3. 工艺分析较差，0-11 分		
2	装夹和定位方案正确性	20	1. 装夹和定位方案正确，且有合理分析，17-20 分； 2. 装夹和定位较合适但无分析或者分析不完整合理，12-16 分； 3. 装夹和定位方案不大合适，0-11 分		
3	工序及工艺路线合适性	20	1. 工序及工艺路线安排较合适，17-20 分； 2. 工序及工艺路线安排有部分不合适，12-16 分； 3. 工序及工艺路线安排合理性较差，0-11 分		
4	刀具与切削参数选用合理性，工艺文件规范性	20	1. 刀具与切削参数合理，工艺文件规范性较好，17-20 分； 2. 刀具与切削参数少数不合适或工艺文件有些不规范，12-16 分； 3. 刀具与切削参数部分不合适，工艺文件规范性较差，0-11 分		
5	加工程序和仿真刀轨正确性	20	1. 加工程序和仿真刀轨基本正确，17-20 分； 2. 加工程序和仿真刀轨有个别不合适之处，12-16 分； 3. 加工程序和仿真刀轨有多处错误，0-11 分		
6	合　　计	100	总　　分		

3.2.5 支承套零件的加工工艺

一、项目任务书

根据图 3-66 所示的支承套零件图，制定相应的数控加工工艺文件。铸件材料为 45 钢。

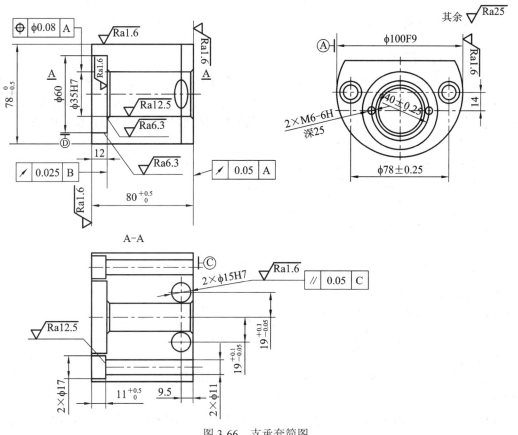

图 3-66 支承套简图

二、加工工艺分析

支承套的材料为 45 钢，毛坯选棒料。支承套 φ35H7 孔对 φ100F9 外圆、φ60 mm 孔底平面对 φ35H7 孔、2×φ15H7 孔对端面 C 及端面 C 对 φ100F9 外圆均有位置精度要求。为便于在加工中心上定位和夹紧，将 φ100F9 外圆、80$^{+0.5}_{0}$ 尺寸两端面、78$^{0}_{-0.5}$ 尺寸上平面均安排在前面工序中由普通机床完成，其余加工表面(2×φ15H7 孔、φ35H7 孔、φ60mm 孔、2×φ11 mm 孔、2×φ17 mm 孔、2×M6-6H 螺纹孔)确定在加工中心上一次安装完成。

三、加工设备选择

因加工表面位于支承套互相垂直的两个表面(左侧面及上平面)上，需要两工位加工才能完成，故选择卧式加工中心。加工工步有钻孔、扩孔、镗孔、锪孔、铰孔及攻螺纹等，所需刀具不超过 20 把。国产 XH754 型卧式加工中心可满足上述要求。该机床工作台尺寸为 400 mm × 400 mm，X 轴行程为 500 mm，Z 轴行程为 400 mm，Y 轴行程为 400 mm，主轴中心线至工作台距离为 100～500 mm，主轴端面至工作台中心线距离为 150～550 mm，主轴锥孔为 ISO40，刀库容量 30 把，定位精度和重复定位精度分别为 0.02 mm 和 0.011 mm，工作台分度精度和重复精度分别为 7° 和 4°。

四、加工工艺制定

1. 选择加工方法

所有孔都是在实体上加工的，为防钻偏，均先用中心钻为引正孔，然后再钻孔。为保证 $2 × \phi 15H7$ 孔及 $\phi 35H7$ 孔的精度，根据其尺寸，选择铰削作其加工方法。对 $\phi 60$ mm 的孔，根据孔径精度、孔深尺寸和孔底平面要求，用铣削方法同时完成孔壁和孔底平面的加工。各加工表面选择的加工方案如下：

$\phi 35H7$ 孔：钻中心孔→钻孔→粗镗→半精镗→铰孔；

$\phi 15H7$ 孔：钻中心孔→钻孔→扩孔→铰孔；

$\phi 60$ mm 孔：粗铣→精铣；

$\phi 11$ mm 孔：钻中心孔→钻孔；

$\phi 17$ mm 孔：锪孔(在 $\phi 11$ mm 底孔上)；

$2 × M6-6H$ 螺孔：钻中心孔→钻底孔→孔端倒角→攻螺纹。

2. 确定加工顺序

零件加工顺序的安排原则：机械加工→热处理→辅助工序。

由于该零件不需要热处理和辅助工序，所以根据机械加工的安排原则来确定，机械加工的安排原则为：

(1) 先基面后其他。选作精基准的表面应优先安排加工，以便为后续工序的加工提供精基准。

(2) 先粗后精。整个零件的加工顺序，应是粗加工工序在前，相继为半精加工、精加工及光整加工工序。

(3) 先主后次。先加工零件主要工作表面及装配基准面，然后加工次要表面。由于次要表面的加工工作量比较小，而且它们往往与主要表面有位置精度的要求，因此一般都放在最后的精加工或光整加工之前进行。当次要表面的加工量很大时，为了减少由于加工主要表面产生废品造成工时损失，主要表面的精加工工序也可安排在次要表面加工之前进行。

(4) 先面后孔。对于箱体、支架等类型零件，平面的轮廓尺寸较大，用它定位比较稳定，因此应选平面作精基准，先加工平面，然后以平面定位加工孔，有利于保证孔的加工精度。

因为该零件是配合件，且套件的孔有公差要求，所以先加工出套类零件，以套类零件为加工轴以达到配合要求。又因为零件右端有锥面、螺纹等，为了便于装夹，所以先加工左端。

为减少变换工位的辅助时间和工作台分度误差的影响，各个工位上的加工表面在工作台一次分度下按先粗后精的原则加工完毕。具体的加工顺序是：

第一工位：钻ϕ35H7、2×ϕ11 mm 中心孔→钻ϕ35H7 孔→钻 2×ϕ11mm 孔→锪 2×ϕ17 mm 孔→粗镗ϕ35H7 孔→粗铣、精铣ϕ60 mm×12 mm 孔→半精镗ϕ35H7 孔→钻 2×M6-6H 螺纹中心孔→铰ϕ35H7 孔；

第二工位：钻 2×ϕ15H7 中心孔→钻 2×ϕ15H7 孔→扩 2×ϕ15H7 孔→铰 2×ϕ15H7 孔。

3. 确定装夹方案和选择夹具

装夹注意事项：

(1) 力求设计、工艺与编程计算的基准统一，这样有利于编程时数值计算的简便性和精确性。

(2) 尽量减少装夹次数，尽可能在一次定位装夹后，加工出全部待加工表面。

夹具选择注意事项：

(1) 夹具应具有足够的精度和刚度。

(2) 夹具应有可靠的定位基准。

(3) 尽量选用可调整夹具、组合夹具及其他通用夹具，避免采用专用夹具，以缩短生产准备时间。

(4) 在成批生产时才考虑采用专用夹具，并力求结构简单。

(5) 装卸工件要迅速方便，以减少机床的停机时间。

(6) 夹具在机床上安装要准确可靠，以保证工件在正确的位置上加工。

ϕ35H7 孔、ϕ60 mm 孔、2×ϕ11 mm 孔及 2×ϕ17 mm 孔的设计基准均为ϕ100F9 外圆中心线，遵循基准重合原则，选择ϕ100F9 外圆中心线为主要定位基准。因ϕ100F9 外圆不是整圆，故用 V 形块作定位元件。在支承套长度方向，若选择右端面定位，则难以保证ϕ17 mm 孔深尺寸 11$_0^{+0.5}$ mm(因尺寸 80 mm 和 11 mm 无公差)，故选择左端面定位。所用夹具为专用夹具，工件的装夹简图如图 3-67 所示。在装夹时应使工件上平面在夹具中保持垂直，以消除转动自由度。

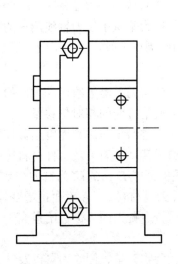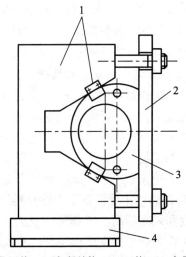

1—定位元件；2—加紧结构；3—工件；4—夹具体

图 3-67　支承套装夹示意图

4. 选择刀具

刀具的选择和切削用量的确定是数控加工工艺中的重要内容，它不仅影响数控机床的加工效率，而且直接影响加工质量。随着 CAD/CAM 技术的发展，使得在数控加工中直接利用 CAD 的设计数据成为可能，特别是微机与数控机床的连接，使得设计、工艺规划及编程的整个过程全部在计算机上完成，一般不需要输出专门的工艺文件。

数控刀具与普通机床上所用的刀具相比，有许多不同的要求，主要有以下特点：

(1) 刚性好(尤其是粗加工刀具)，精度高，抗振及热变形小；

(2) 互换性好，便于快速换刀；

(3) 寿命高，切削性能稳定、可靠；

(4) 刀具的尺寸便于调整，以减少换刀调整时间；

(5) 刀具应能可靠地断屑或卷屑，以利于切屑的排除；

(6) 系列化、标准化，以利于编程和刀具管理。

在经济型数控加工中，由于刀具的刃磨、测量和更换多为人工手动进行，占用辅助时间较长，因此，必须合理安排刀具的排列顺序。一般应遵循以下原则：

(1) 尽量减少刀具数量；

(2) 一把刀具装夹后，应完成其所能进行的所有加工操作；

(3) 粗加工和精加工的刀具应分开使用，即使是相同尺寸规格的刀具；

(4) 先铣后钻；

(5) 先进行曲面精加工，后进行二维轮廓精加工；

(6) 在可能的情况下，应尽可能利用数控机床的自动换刀功能，以提高生产效率等。

各工步刀具直径根据加工余量和孔径确定。刀具长度与工件在机床工作台上的装夹位置有关，在装夹位置确定之后，再计算刀具长度。

5. 选择切削用量

1) 背吃刀量 a_p 或侧吃刀量 a_e

背吃刀量 a_p 为平行于铣刀轴线测量的切削层尺寸，单位为 mm。端铣时，a_p 为切削层深度；而圆周铣削时，为被加工表面的宽度。侧吃刀量 a_e 为垂直于铣刀轴线测量的切削层尺寸，单位为 mm。端铣时，a_e 为被加工表面宽度；而圆周铣削时，a_e 为切削层深度。

2) 进给量 F 与进给速度 v_f 的选择

铣削加工的进给量 F(mm/min)是指刀具转一周，工件与刀具沿进给运动方向的相对位移量；进给速度 v_f(mm/min)是单位时间内工件与铣刀沿进给方向的相对位移量。进给速度与进给量的关系为 $v_f = nF$(n 为铣刀转速，单位为 r/min)。进给量与进给速度是数控铣床加工切削用量中的重要参数，根据零件的表面粗糙度、加工精度、刀具及工件材料等因素，参考切削用量手册选取或通过选取每齿进给量 F_z，再根据公式 $F = ZF_z$(Z 为铣刀齿数)计算。每齿进给量 F_z 的选取主要依据于工件材料的力学性能、刀具材料、工件表面粗糙度等因素。工件材料强度和硬度越高，F_z 越小；反之则越大。硬质合金铣刀的每齿进给量高于同类高速钢铣刀。工件表面粗糙度要求越高，F_z 就越小。

铣削的切削速度 v_c 与刀具的耐用度、每齿进给量、背吃刀量、侧吃刀量以及铣刀齿数成反比，而与铣刀直径成正比。其原因是当 F_z、a_p、a_e 和 Z 增大时，刀刃负荷增加，而且同时工作的齿数也增多,使切削热增加,刀具磨损加快,从而限制了切削速度的提高。为提高刀具耐用度应使用较低的切削速度。加大铣刀直径则可改善散热条件,可以提高切削速度。铣削加工的切削速度 v_c 可参考表选取,也可参考有关切削用量手册中的经验公式通过计算选取。

综合考虑本项目后制定的加工工序卡片如表 3-15 所示,刀具卡片如表 3-16 所示。

表 3-15　支承套加工工序卡片

零件名称					支承套零件				
组员姓名									
材料牌号	45 钢		毛坯种类		棒料		毛坯外形尺寸		
序号	工步内容			刀号	刀具规格 /mm	主轴转速 /(r/min)	进给速度 /(mm/min)	背吃刀量 /mm	备注
B0°									
1	钻 φ35H7 孔、2×φ17 mm(φ11 mm) 孔中心孔			T01	φ3	1200	40		
2	钻 φ35H7 孔至 φ31 mm			T13	φ31	150	30		
3	钻 φ11 mm 孔			T02	φ11	500	70		
4	锪 2×φ17 mm 孔			T03	φ17	150	15		
5	粗镗 φ35H7 孔至 φ34 mm			T04	φ34	400	30		
6	粗铣 φ60 mm×12 mm 孔至 φ59 mm ×11.5 mm			T05	φ32	500	70		
7	精铣 φ60 mm×12 mm 孔			T05	φ32	600	45		
8	半精镗 φ35H7 孔至 φ34.85 mm			T06	φ34.85	450	35		
9	钻 2×M6-6H 螺纹中心孔			T01	φ3	1200	40		
10	钻 2×M6-6H 底孔至 φ5 mm			T07	φ5	650	35		
11	2×M6-6H 孔端倒角			T02	φ11	500	20		
12	攻 2×M6-6H 螺纹			T08	M6	100	100		
13	铰 φ35H7 孔			T09	φ35	100	50		
B90°									
14	钻 2×φ15H7 中心孔			T01	φ3	1200	40		
15	钻 2×φ15H7 孔至 φ14mm			T10	φ14	450	60		
16	扩 2×φ15H7 孔至 φ14.85mm			T11	φ14.85	200	40		
17	铰 2×15H7 孔			T12	φ15	100	60		
编制		审核			编制 日期			指导 老师	

表 3-16　支承套数控加工刀具卡片

支承套零件				
序号	刀具编号	刀具规格、名称	数量	备　注
1	T01	φ3 mm 中心钻	1	钻φ35H7 孔，2×φ17 mm(φ11 mm) 孔，2×M6-6H 螺纹孔，2×φ15H7 中心孔
2	T02	φ11 mm 锥柄麻花钻	1	钻φ11 mm 孔，2×M6-6H 孔端倒角
3	T03	φ17 mm×11 mm 锥柄埋头钻	1	锪 2×φ17 mm 孔
4	T04	φ34 mm 粗镗刀	1	粗镗φ35H7 孔至φ34 mm
5	T05	φ32 mm 硬质合金立铣刀	1	粗铣φ60 mm×12 mm 孔至φ59 mm×11.5 mm，精铣φ60 mm×12 mm 孔
6	T06	φ34.85 mm 镗刀	1	半精镗φ35H7 孔至φ34.85 mm
7	T07	φ5 mm 直柄麻花钻	1	钻 2×M6-6H 底孔至φ5 mm
8	T08	M6 机用丝锥	1	攻 2×M6-6H 螺纹孔
9	T09	φ35 套式铰刀	1	铰φ35H7 孔
10	T10	φ14 mm 锥柄麻花钻	1	钻 2×φ15H7 孔至φ14 mm
11	T11	φ14.85 扩孔钻	1	扩 2×φ15H7 孔至φ14.85 mm
12	T12	φ15 铰刀	1	铰 2×φ15H7 孔
编制		审核	日期	指导老师

五、编程与仿真

(1) 钻φ35H7 孔和 2×φ17 mm(φ11 mm)孔中心孔，如图 3-68 所示。

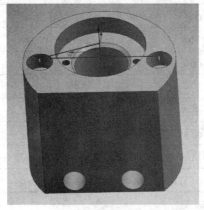

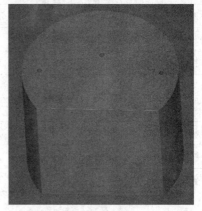

(a) 仿真刀轨　　　　　　　　　　　(b) 仿真效果

图 3-68　钻φ35H7 孔和 2×φ17 mm(φ11 mm)孔中心孔

(2) 钻φ35H7 孔至φ31 mm，如图 3-69 所示。

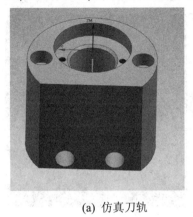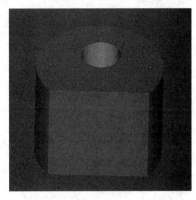

(a) 仿真刀轨　　　　　　　　　　　　(b) 仿真效果

图 3-69　钻φ35H7 孔至φ31 mm

(3) 钻 2 × φ11 mm 孔，如图 3-70 所示。

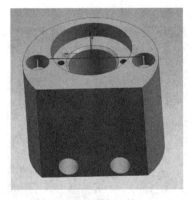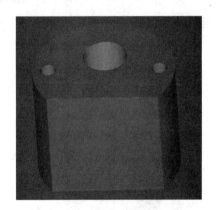

(a) 仿真刀轨　　　　　　　　　　　　(b) 仿真效果

图 3-70　钻 2 × φ11 mm 孔

(4) 锪 2 × φ17 mm 孔，如图 3-71 所示。

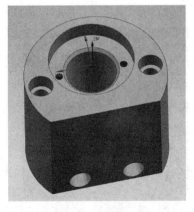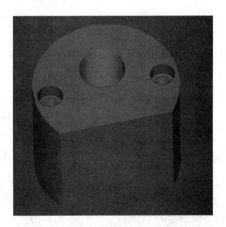

(a) 仿真刀轨　　　　　　　　　　　　(b) 仿真效果

图 3-71　锪 2 × φ17 mm 孔

(5) 粗镗ϕ35H7 孔至ϕ34 mm，如图 3-72 所示。

 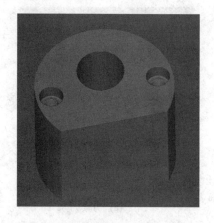

(a) 仿真刀轨　　　　　　　　　　　　(b) 仿真效果

图 3-72　粗镗ϕ35H7 孔至ϕ34mm

(6) 粗铣ϕ60 mm × 12 mm 孔至ϕ59 mm × 11.5 mm，如图 3-73 所示。

 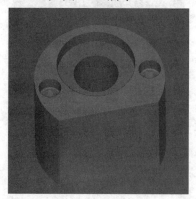

(a) 仿真刀轨　　　　　　　　　　　　(b) 仿真效果

图 3-73　粗铣ϕ60 mm × 12 mm 孔至ϕ59 mm × 11.5 mm

(7) 精铣ϕ60 mm × 12 mm 孔，如图 3-74 所示。

 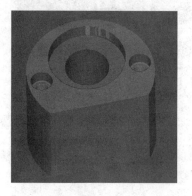

(a) 仿真刀轨　　　　　　　　　　　　(b) 仿真效果

图 3-74　精铣ϕ60 mm × 12 mm 孔

(8) 半精镗φ35H7 孔至φ34.85 mm，如图 3-75 所示。

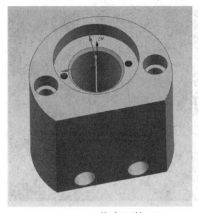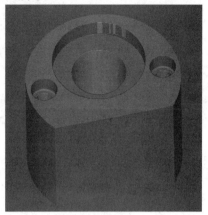

(a) 仿真刀轨   (b) 仿真效果

图 3-75 半精镗φ35H7 孔至φ34.85mm

(9) 钻 2×M6-6H 螺纹中心孔，如图 3-76 所示。

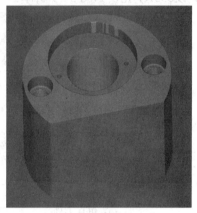

(a) 仿真刀轨   (b) 仿真效果

图 3-76 钻 2×M6-6H 螺纹中心孔

(10) 钻 2×M6-6H 底孔至φ5 mm，如图 3-77 所示。

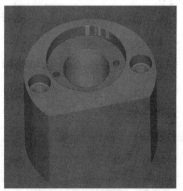

(a) 仿真刀轨   (b) 仿真效果

图 3-77 钻 2×M6-6H 底孔至φ5 mm

(11) 攻 2 × M6-6H 螺纹孔，如图 3-78 所示。

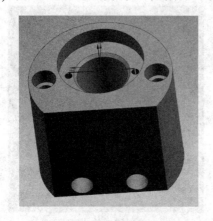 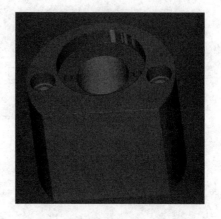

　　(a) 仿真刀轨　　　　　　　　　(b) 仿真效果

图 3-78　攻 2 × M6-6H 螺纹孔

(12) 铰φ35H7 孔，如图 3-79 所示。

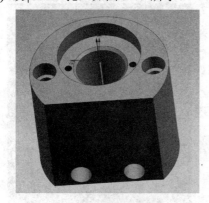 

　　(a) 仿真刀轨　　　　　　　　　(b) 仿真效果

图 3-79　铰φ35H7 孔

(13) 钻 2 × φ15H7 中心孔，如图 3-80 所示。

　　(a) 仿真刀轨　　　　　　　　　(b) 仿真效果

图 3-80　钻 2 × φ15H7 中心孔

(14) 钻 2 × φ15H7 孔至φ14 mm，如图 3-81 所示。

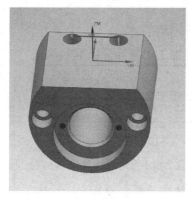 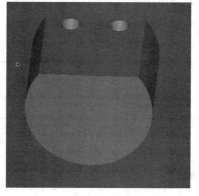

(a) 仿真刀轨　　　　　　　　　　　(b) 仿真效果

图 3-81　钻 2 × φ15H7 孔至φ14 mm

(15) 扩 2 × φ15H7 孔至φ14.85 mm，如图 3-82 所示。

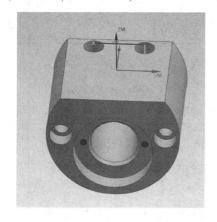 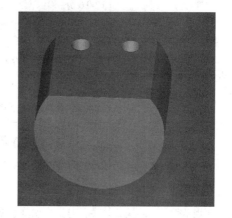

(a) 仿真刀轨　　　　　　　　　　　(b) 仿真效果

图 3-82　扩 2 × φ15H7 孔至φ14.85 mm

(16) 铰 2 × φ15H7 孔，如图 3-83 所示。

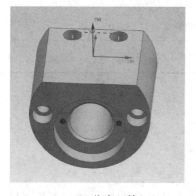 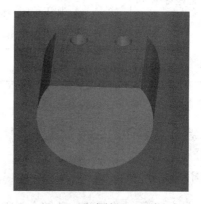

(a) 仿真刀轨　　　　　　　　　　　(b) 仿真效果

图 3-83　铰 2 × φ15H7 孔

六、评分标准

支承套零件的数控加工工艺评分标准如表 3-17 所示。

表 3-17　支承套零件的数控加工工艺评分标准

序号	项目与技术要求	配分	评 分 标 准	自评	师评
1	工艺分析正确性及充分性	20	1. 工艺分析正确且充分，17-20 分； 2. 工艺分析基本正确，有个别不合适或遗漏，12-16 分； 3. 工艺分析较差，0-11 分		
2	装夹和定位方案正确性	20	1. 装夹和定位方案正确，且有合理分析，17-20 分； 2. 装夹和定位较合适但无分析或者分析不完整合理，12-16 分； 3. 装夹和定位方案不大合适，0-11 分		
3	工序及工艺路线合适性	20	1. 工序及工艺路线安排较合适，17-20 分； 2. 工序及工艺路线安排有部分不合适，12-16 分； 3. 工序及工艺路线安排合理性较差，0-11 分		
4	刀具与切削参数选用合理性，工艺文件规范性	20	1. 刀具与切削参数合理，工艺文件规范性较好，17-20 分； 2. 刀具与切削参数少数不合适或工艺文件有些不规范，12-16 分； 3. 刀具与切削参数部分不合适，工艺文件规范性较差，0-11 分		
5	加工程序和仿真刀轨正确性	20	1. 加工程序和仿真刀轨基本正确，17-20 分； 2. 加工程序和仿真刀轨有个别不合适之处，12-16 分； 3. 加工程序和仿真刀轨有多处错误，0-11 分		
6	合　计	100	总　分		

3.2.6　综合类零件的数控加工工艺

一、项目任务书

根据图 3-84 所示的典型复杂综合类零件图，制定相应的数控加工工艺文件，要求加工时应尽量减少装夹次数，利用不同加工方法提高加工精度。

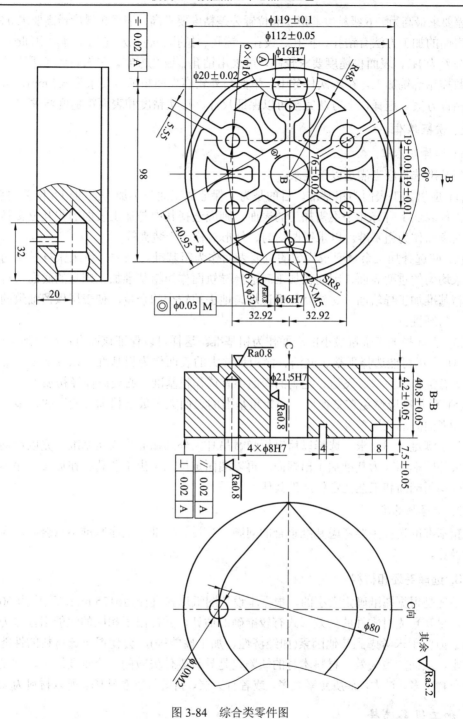

图 3-84　综合类零件图

二、加工工艺分析

1. 分析零件结构和加工工艺要求

该零件由平面、孔系、曲面复杂的型腔以及螺纹孔组成，尺寸标注齐全、基准清晰。尺寸公差要求最高为 IT6 级精度，形状和位置公差精度要求高，表面粗糙度最高要求 0.8 mm。内孔表面的加工方法有钻孔、扩孔、铰孔、镗孔、拉孔、磨孔及光加工等，中间φ21.5 孔的尺寸公差为 H7，表面粗糙度要求较高，可采用钻孔、铰孔方案。平面轮廓常采用的加工方法有数控轮廓铣加工。在本次任务中，平面与外轮廓表面粗糙度要求为 6.3 mm，可采用粗铣→精铣方案。选择以上方法完全可以保证尺寸、形状精度和表面粗糙度要求。

2. 选择基准

1) 选择粗基准

粗基准选择应当满足以下要求：

(1) 应以加工表面为粗基准。目的是为了保证加工面与不加工面的相互位置关系精度。如果工件表面上有好几个不需加工的表面，则应选择其中与加工表面的相互位置精度要求较高的表面作为粗基准。以求壁厚均匀、外形对称、少装夹等。

(2) 应选择加工余量要求均匀的重要表面作为粗基准。例如，机床床身导轨面是其余量要求均匀的重要表面，因而在加工时选择导轨面作为粗基准加工床身的底面，再以底面作为精基准加工导轨面。这样就能保证均匀地去掉较少的余量，使表层保留细致的组织，以增加耐磨性。

(3) 应选择加工余量最小的表面作为粗基准。这样可以保证该面有足够的加工余量。

(4) 应尽可能选择平整、光洁、面积足够大的表面作为粗基准，以保证定位准确夹紧可靠。有浇口、冒口、飞边、毛刺的表面不宜选作粗基准，必要时需经初加工。

(5) 粗基准应避免重复使用，因为粗基准的表面大多数是粗糙不规则的，多次使用难以保证表面间的位置精度。

为了满足上述要求，选择以后钢板弹簧吊耳大外圆端面作为粗基准，先以后钢板弹簧吊耳大外圆端面互为基准加工出端面，再以端面定位加工出工艺孔。在后续工序中除个别工序外均用端面和工艺孔定位加工其他孔与平面。

2) 选择精基准

精基准的选择主要考虑基准重合的问题，当设计基准与工序基准不重合时，应当进行尺寸换算。

3. 选择毛坯和材料

毛坯是根据图纸确定大小的，根据本设计图纸选择直径为φ125 mm，高度为 50 mm 的毛坯。尽管预先对零件的失效形式有较准确的估计，并提出了相应的性能指标作为选材的依据，但由于未考虑到其他因素(如经济性、加工性能等)，会使得所选材料的性能数据不合要求，从而导致失效。材料本身的缺陷也是导致零件失效的一个重要原因，常见的缺陷是夹杂物过多、过大，杂质元素太多，或者有夹层、折叠等宏观缺陷。所以材料为 45 号钢。

三、加工设备选择

通过零件的工艺分析，确定采用 MC-VH40 型立卧式加工中心。MC-VH40 型立卧式加工中心是一种高性能、高效率、高速度的主轴自动立卧转换、自动换刀数控机床，在加工过程中可以自动交换刀具，可一次装夹进行多个面的铣削、钻孔、扩孔、镗孔、铰削、攻丝等多种工序的加工，适用于中、小批量，多品种的箱体零件及曲型零件的加工，广泛用于机械、电子部门的各行各业，是现代化国防工业、汽车、拖拉机、模具、轻工机械等行业技术改造、设备更新换代的理想设备。

该机床具有主轴头自动立卧转换功能，具备立式及卧式加工中心的所有功能，分度台为 1°×360，鼠齿盘定位，定位精度高，X、Y 轴导轨采用淬火贴塑导轨，Z 轴采用进口直线滚柱导轨。

四、加工工艺制定

1. 设计加工路线

由于该生产形状结构比较复杂，应尽量使工序详细，确保加工精度，除此之外，还应降低生产成本。为此，设计了两套工艺路线。

工艺路线方案一：

(1) 粗钻孔φ20 mm；

(2) 镗孔φ21.5H7；

(3) 粗加工定位基准面(底面)；

(4) 粗、精加工上表面；

(5) 内轮廓铣削；

(6) 钻侧面的孔并镗孔；

(7) 钻、扩、铰φ8H7 螺纹孔；

(8) 攻丝；

(9) 终检。

工艺路线方案二：

(1) 粗钻孔φ20 mm 通孔和φ10 mm 深孔；

(2) 镗孔φ21.5H7；

(3) 钻、镗φ16H7 孔；

(4) 铣削下表面轮廓；

(5) 粗、精加工上表面轮廓；

(6) 钻、扩、铰φ8H7 螺纹孔；

(7) 攻丝；

(8) 终检。

按照基面先行、先面后孔、先主后次、先粗后精的原则确定加工顺序。综合后考虑选择方案二。

2. 选择刀具

刀具的选择是数控加工中重要的工艺内容之一，它不仅影响机床的加工效率，而且直接影响加工质量。编程时，选择刀具通常要考虑机床的加工能力、工序内容、工件材料等因素。

与传统的加工方法相比，数控加工对刀具的要求更高，不仅要求精度高、刚度高、耐用度高，而且要求尺寸稳定、安装调整方便。这就要求采用新型优质材料制造数控加工刀具，并优选刀具参数。

选取刀具时，要使刀具的尺寸与被加工工件的表面尺寸和形状相适应。生产中，平面零件周边轮廓的加工，常采用立铣刀，铣削平面时应选硬质合金刀片铣刀；加工凸台、凹槽时，选高速钢立铣刀，对一些主体型面和斜角轮廓形的加工，常采用球头铣刀、环形铣刀、鼓形刀、锥形刀和盘形刀。曲面加工常采用球头铣刀，但加工曲面较低且平坦部位时，刀具以球头顶端刃切削，切削条件较差，因而采用环形铣刀。

3. 选择切削用量

切削用量包括主轴转速(切削速度)、切削深度或宽度、进给速度(进给量)等。切削用量的大小对切削力、切削速率、刀具磨损、加工质量和加工成本均有显著影响。对于不同的加工方法，需选择不同的切削用量，并应编入程序单内。

合理选择切削用量的原则是：粗加工时，一般以提高生产率为主，但也考虑经济性和加工成本；半精加工或精加工时，应在保证加工质量的前提下，兼顾切削效率、经济性和加工成本。具体数值应根据机床说明书、切削用量手册，并结合经验而定。

该零件材料切削性能较好，铣削平面、外轮廓面时，留 0.5 mm 精加工余量，其余一刀完成粗铣。

确定主轴转速时，先查切削用量手册，硬质合金铣刀加工铸件(190~260HB)时的切削速度为 45~90 mm/min，取 $v = 70$ mm/min，然后根据铣刀直径计算主轴转速，并填入工序卡中(若机床为有级调速，应选择与计算结果接近的转速)。

确定进给速度时，根据铣刀齿数、主轴转速和切削用量手册中给出的每齿进给量，计算进给速度并填入工序卡片中：

$$v_f = Fn = F_z \times Zn$$

背吃刀量的选择应根据加工余量确定。粗加工时，一次进给应尽可能切除全部余量。在中等功率的机床上，背吃刀量可达 8~10 mm。半精加工时，背吃刀量取为 0.5~2 mm。精加工时背吃刀量取为 0.2~0.4 mm。

4. 设计工序

(1) 选一个 $\phi 125$ mm × 50 mm 的毛坯。

(2) 粗车外轮廓。用 90° 车刀，主轴转速为 800 r/min，粗车时的横向进给速度为 100 mm/min。

(3) 精车外轮廓。用 90° 车刀，主轴转速为 1000 r/min，精车时的横向进给速率为 40 mm/min，背吃刀量为 0.5 mm。

(4) 钻 $\phi 21.5H7$ 的通孔。用 $\phi 20$ mm 的钻头，主轴转速为 150 r/min；钻 $\phi 8H7$ 的螺纹孔，主轴转速为 200 r/min，进给速度为 40 mm/min，背吃刀量为 12 mm。可以用孔钻削 G81。

(5) 铰 $\phi 21.5H7$ 内孔表面。使用铰刀，主轴转速为 300 r/min；铰 $\phi 8H7$ 内孔表面，使用铰刀，主轴转速为 500 r/min。使用 G81 循环。

(6) 粗铣定位基准面(底面)。采用三爪卡盘装夹，用 $\phi 16$ mm 平面端铣刀，主轴转速为 180 r/min，进给速度为 40 mm/min，背吃刀量为 2 mm。

(7) 粗铣上表面。将初铣的底面反过来，粗铣上表面，用 $\phi 16$mm 平面端铣刀，主轴转速为 180 r/min，进给速度为 40 mm/min，背吃刀量为 2 mm。

(8) 精铣上表面。用 $\phi 16$ mm 平面端铣刀，主轴转速为 180 r/min，进给速度为 25 mm/min，背吃刀量为 0.5 mm。

(9) 钻φ16H7 侧面内孔。用φ15.5 mm 的钻头，主轴转速为 200 r/min，进给速度为 50 mm/min，背吃刀量为 16 mm。

(10) 精镗φ16H7 内孔。用 35° 镗刀，主轴转速为 800 r/min，进给速度为 50 mm/min，背吃刀量为 12 mm。

(11) 粗铣内轮廓。用φ4 mm 的平面立铣刀，主轴转速为 800 r/min，进给速度为 100 mm/min，背吃刀量为 2 mm。

(12) 精铣内轮廓。用φ4 mm 的平面立铣刀，主轴转速为 1000 r/min，进给速度为 40 mm/min，背吃刀量为 0.5 mm。

综合类零件的加工工序卡片见表 3-18，刀具的选择见表 3-19。

表 3-18 综合类零件的加工工序卡片

零件名称			综合类零件				
组员姓名							
材料牌号	45 钢	毛坯种类		毛坯外形尺寸		φ125 mm × 50 mm	
序号	工 步 内 容	刀号	刀具规格/mm	主轴转速/(r/min)	进给速度/(mm/min)	背吃刀量/mm	备注
1	钻φ21.5 mm 和φ10 mm 孔的中心孔	T01	φ3 中心钻	1200	50		
2	钻φ21.5 mm 的通孔	T02	φ20 直柄麻花钻	600	80		
3	镗φ21.5H7 孔	T03	镗孔刀	100	80		
4	钻φ10 mm 孔	T04	φ10 直柄麻花钻	600	60		
5	铣 C 向视图形状	T05	φ16 立铣刀	600	60	2	
6	钻φ16 mm 的孔至φ15 mm	T06	φ15 麻花钻	600	80		
7	镗φ16 mm 的孔	T07	φ16 镗刀	100	80		
8	SR10 球面加工	T08	成形刀	600	80		
9	铣 6 个一样的型腔	T09	φ4 立铣刀	800	50		
10	钻 4 × φ7.94 孔和 2 × M5 中心孔	T01	φ3 中心钻	1200	50		
11	钻φ7.94 mm 孔	T10	φ7.5 直柄麻花钻	1000	80		
12	铰φ7.94 mm 孔	T11	专用铰刀	500	60		
13	加工螺纹制备孔	T12	直柄麻花钻	800	60		
14	加工 M5 螺纹	T13	M5 丝锥	800	60		
编制		审核		编制日期		指导老师	

表 3-19　综合类零件加工刀具卡片

		综合类零件		
序号	刀具编号	刀具规格、名称/mm	数量	备　注
1	T01	φ3 中心钻	1	钻φ21.5 mm 和φ10 mm 孔的中心孔
2	T02	φ20 直柄麻花钻	1	粗钻φ20 mm 的通孔
3	T03	φ21.5 镗孔刀	1	镗φ21.5 mm 的孔
4	T04	φ10 直柄麻花钻	1	钻φ10 mm 孔
5	T05	φ16 立铣刀	1	铣 C 向视图外形
6	T06	φ15 麻花钻	1	钻φ16 mm 的孔至φ15 mm
7	T07	φ16 镗刀	1	镗φ16 mm 的孔
8	T08	成形刀	1	SR10 mm 球面加工
9	T09	φ4 立铣刀	1	铣内轮廓型腔
10	T10	φ7.5 直柄麻花钻	1	粗钻φ7.94 mm
11	T11	φ7.94 专用铰刀	1	φ7.94 mm 孔
12	T12	φ4.25 直柄麻花钻	1	加工螺纹制备孔
13	T13	M5 丝锥	1	加工 M5 螺纹
编制		审核	日期	指导老师

五、编程与仿真

(1) 钻φ21.5 mm 的通孔和φ10 mm 的中心孔，如图 3-85 所示。

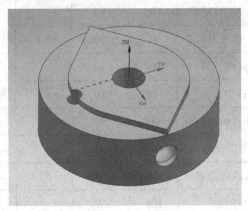

(a) 仿真刀轨　　　　　　　　　　　　　(b) 仿真效果

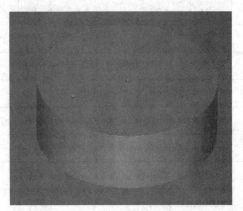

图 3-85　钻φ21.5 mm 的通孔和φ10 mm 的中心孔

(2) 钻φ21.5 mm 的通孔至φ20 mm，如图 3-86 所示。

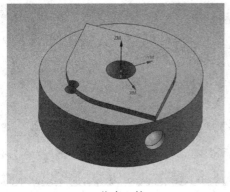
(a) 仿真刀轨

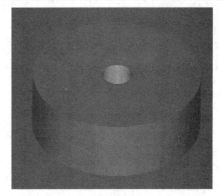
(b) 仿真效果

图 3-86　钻φ21.5 mm 的通孔至φ20

(3) 镗φ21.5H7 孔，如图 3-87 所示。

(a) 仿真刀轨

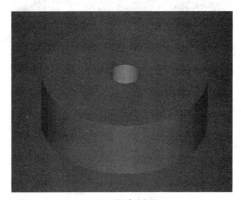
(b) 仿真效果

图 3-87　镗φ21.5H7 孔

(4) 钻φ10 mm 的孔，如图 3-88 所示。

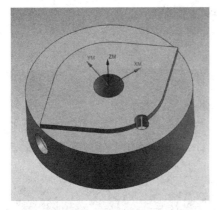
(a) 仿真刀轨

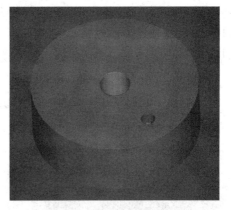
(b) 仿真效果

图 3-88　钻φ10 mm 的孔

(5) 粗铣 C 向视图外形，如图 3-89 所示。

(6) 精铣 C 向视图外形，如图 3-90 所示。

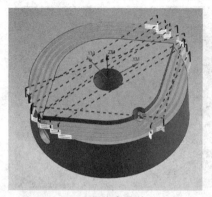

(a) 仿真刀轨

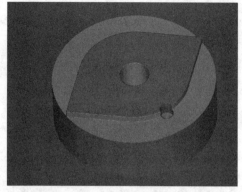

(b) 仿真效果

图 3-89 粗铣 C 向视图外形

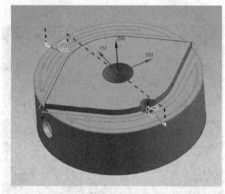

(a) 仿真刀轨

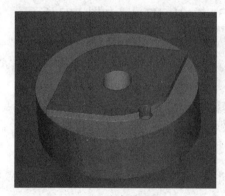

(b) 仿真效果

图 3-90 精铣 C 向视图外形

(7) 钻侧面 2×φ16H7 孔的中心孔(图略)。

(8) 钻侧面 2×φ16H7 孔至φ15 mm(图略)。

(9) 用成形刀加工 2×φ16H7 孔内部的 SR10 球面(图略)。

(10) 反转零件并重新装夹。

(11) 粗铣内轮廓,如图 3-91 所示。

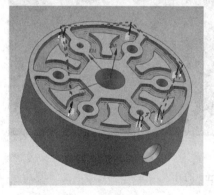

(a) 仿真刀轨

(b) 仿真效果

图 3-91 粗铣内轮廓

(12) 精铣内轮廓，如图 3-92 所示。

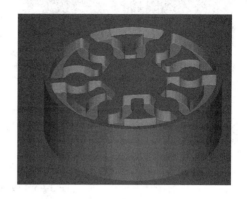

(a) 仿真刀轨　　　　　　　　　　　　　　　(b) 仿真效果

图 3-92　精铣内轮廓

(13) 钻 4 × φ7.94 mm 孔和 2 × M5 螺纹中心孔，如图 3-93 所示。

(a) 仿真刀轨　　　　　　　　　　　　　　　(b) 仿真效果

图 3-93　钻 4 × φ7.94 mm 孔和 2 × M5 螺纹中心孔

(14) 钻 4 × φ7.94 mm 孔至φ7.5 mm，如图 3-94 所示。

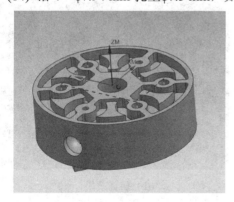

(a) 仿真刀轨　　　　　　　　　　　　　　　(b) 仿真效果

图 3-94　钻 4 × φ7.94 mm 孔至φ7.5 mm

(15) 铰 4 × φ7.94 mm 孔，如图 3-95 所示。

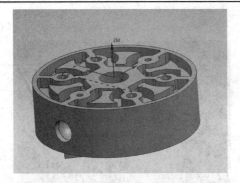

(a) 仿真刀轨

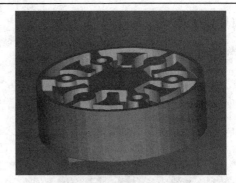

(b) 仿真效果

图 3-95　铰 4 × φ7.94 孔

(16) 钻 2 × M5 底孔至φ4.25 mm，如图 3-96 所示。

(a) 仿真刀轨

(b) 仿真效果

图 3-96　钻 2 × M5 底孔至φ4.25

(17) 攻 2 × M5 螺纹，如图 3-97 所示。

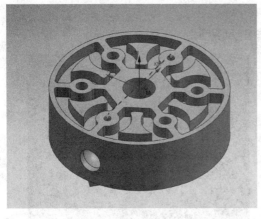

(a) 仿真刀轨

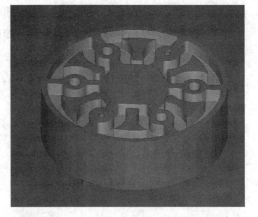

(b) 仿真效果

图 3-97　攻 2 × M5 螺纹

(18) 孔口倒角(图略)。

六、评分标准

综合类零件的数据加工工艺评分标准如表 3-20 所示。

表 3-20　综合类零件的数控加工工艺评分标准

序号	项目与技术要求	配分	评 分 标 准	自评	师评
1	工艺分析正确性及充分性	20	1. 工艺分析正确且充分，17-20 分； 2. 工艺分析基本正确，有个别不合适或遗漏，12-16 分； 3. 工艺分析较差，0-11 分		
2	装夹和定位方案正确性	20	1. 装夹和定位方案正确，且有合理分析，17-20 分； 2. 装夹和定位较合适但无分析或者分析不完整合理，12-16 分； 3. 装夹和定位方案不大合适，0-11 分		
3	工序及工艺路线合适性	20	1. 工序及工艺路线安排较合适，17-20 分； 2. 工序及工艺路线安排有部分不合适，12-16 分； 3. 工序及工艺路线安排合理性较差，0-11 分		
4	刀具与切削参数选用合理性，工艺文件规范性	20	1. 刀具与切削参数合理，工艺文件规范性较好，17-20 分； 2. 刀具与切削参数少数不合适或工艺文件有些不规范，12-16 分； 3. 刀具与切削参数部分不合适，工艺文件规范性较差，0-11 分		
5	加工程序和仿真刀轨正确性	20	1. 加工程序和仿真刀轨基本正确，17-20 分； 2. 加工程序和仿真刀轨有个别不合适之处，12-16 分； 3. 加工程序和仿真刀轨有多处错误，0-11 分		
6	合　　计	100	总　　分		

模块四　数控电火花成形加工工艺

学习目的：了解电火花成形加工的特点及主要的加工对象；通过对典型实例的分析，熟练掌握电火花成形加工工艺，并按照所给零件图的技术要求，编制合理的电火花成形加工工艺。

4.1　概　　述

电火花成形加工是特种加工技术中的一个重要组成部分，它利用工具电极和工件电极之间不间断的火花放电，依靠瞬间产生的高温，使金属熔化乃至气化。人们常称之为放电加工、电脉冲加工或者电切削加工。

电火花加工有其独特的优势，其一，可以进行硬度超过刀具材料的加工；其二，可以进行深径比较大的小孔加工，比如深度和直径之比大于 100，且直径小于 1 mm 的小孔；其三，可以进行狭长细窄缝的加工；等等。在塑料模具的型腔加工上，清棱和清角均由电火花成形加工完成。

本模块通过数个实例，如表面粗糙度样板的电加工、去除折断丝锥或钻头的电加工、通孔的电加工、窄缝的电加工、型腔的电加工、套料的电加工等，深入介绍电火花成形加工工艺。

4.2　经典实例介绍

4.2.1　样板零件的电火花成形加工工艺

一、项目任务书

(1) 根据图纸要求，样板厚度 10 mm，去毛刺、倒角，如图 4-1 所示，查阅相关资料进行表面粗糙度样板的电火花成形工艺分析。

(2) 制定放电加工的电规准。

(3) 在机床上，设定电规准，完成对表面粗糙度样板的加工。

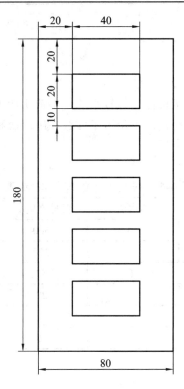

图 4-1 样板零件加工图

二、加工工艺分析

电火花加工后的表面粗糙度样板主要是为了电火花成形加工后的表面进行目测检验比对加工表面的粗糙度情况。样板上提供了 6 种表面粗糙度值，为了能清晰地看出表面粗糙度状况，一般放电加工的深度比较浅。

电火花放电加工可从表面粗糙度值较小的开始加工，然后再依次加工表面粗糙度值较大的部位。

整个放电加工过程，可采用单电极平动法完成。对于表面粗糙度值较小的，需采取正极性、小电流、窄脉宽和主轴平动的电规准；而对于表面粗糙值较大的，需采取负极性、大电流和长脉宽的电规准。

整个放电加工过程中，需注意表面粗糙度值较小位置的电规准放电是否均匀，积碳的情况是否严重。

三、加工设备选择

(1) 工件：为了防止日后生锈，材料选择为不锈钢，尺寸 180 mm × 80 mm × 10 mm，放电加工前，需进行铣削加工、淬火处理和成形磨削加工；

(2) 工具电极：材料为紫铜，尺寸 20 mm × 40 mm × 80 mm，工具电极可在数控铣床或加工中心上完成加工，要求表面粗糙度 1.6 以下，底面与侧面有垂直度要求，相对的二侧面之间也需有平行度要求，相邻的二侧面之间须有垂直度要求；

(3) 电火花成形加工机床。

四、加工工艺制定

(1) 选择加工方法：单电极平动法。

(2) 确定加工顺序：先加工粗糙度值较小的，再依次加工粗糙度值较大的。

(3) 确定装夹方案和选择夹具：不锈钢工件选择用压板和压板螺钉固定。

(4) 选择工具电极：紫铜电极。

(5) 制定电规准：见表 4-1。

表 4-1　样板加工的电规准(参考值)

序号	表面粗糙度值/μm	峰值电流/A	脉冲宽度/μs	脉冲间隔/μs	极性
1	12.5	30	600	200	−
2	6.3	20	350	100	−
3	3.2	10	50	60	−
4	1.6	5	20	30	−
5	0.8	4	4	15	+
6	0.4	2	2	10	+

五、加工过程

具体加工过程见表 4-2。

表 4-2　样板加工过程

序号	示意图	说明
1		工件装夹 装夹时利用压板和压板螺钉固定
2		工件找正 使工件的一个侧面与 X 轴或 Y 轴平行
3		工具电极装夹 装夹时将电极固定在主轴头上

续表一

序号	示　意　图	说　明
4	球形调整垫 调整螺钉 紧固螺钉 工具电极 刀口直角尺 样板工件 工作台	工具电极找正 利用刀口尺进行找正
5	球形调整垫 调整螺钉 紧固螺钉 工具电极 百分表组 样板工件 工作台	工具电极找正 利用百分表进行找正
6	数显表区　数字键盘区　状态功能区 加工功能区 电规准设置区 电表区 急停按钮	加工深度设定 在机床控制柜操作面板上的状态功能区选择深度设定键，在数字键盘区输入设定深度值，在数显表区将显示深度值

序号	示　意　图	说　明
7	数显表区　数字键盘区　状态功能区 加工功能区 电规准设置区 急停按钮 电表区	加工电规准设定 　在控制柜操作面板上的电规准设定区设定。如设定电流值，在数字键盘区输入相应电流值，按"ENTER"键即可
8	手动向上键　加工启动键 ↑　1 手动向下键　加工停止键 ↓　0 手动对刀键　加工液泵键 ┼ 移动速度键	对刀 　分手动对刀(操作盒)和自动对刀(机床控制面板 AUTO 键)
9	数显表区　数字键盘区　状态功能区 加工功能区 电规准设置区 急停按钮 电表区	确定加工位置 　确定机床相对坐标位置和机床绝对坐标位置

序号	示　意　图	说　明
10	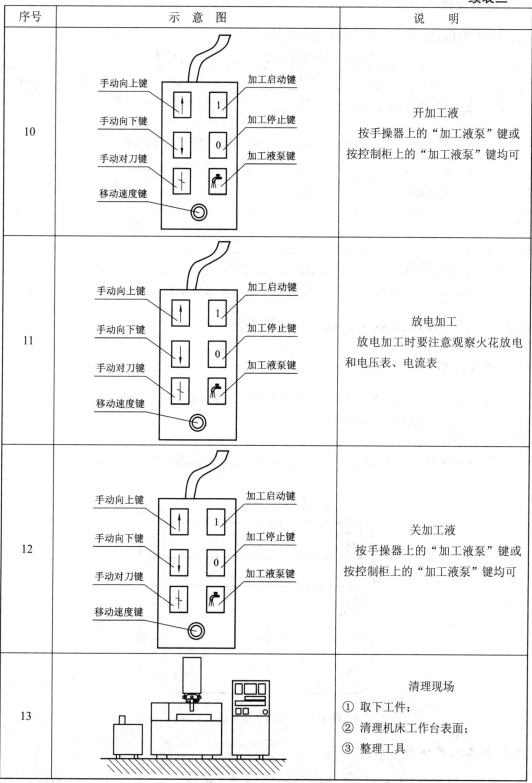 手动向上键　加工启动键　手动向下键　加工停止键　手动对刀键　加工液泵键　移动速度键	开加工液 按手操器上的"加工液泵"键或 按控制柜上的"加工液泵"键均可
11	手动向上键　加工启动键　手动向下键　加工停止键　手动对刀键　加工液泵键　移动速度键	放电加工 放电加工时要注意观察火花放电 和电压表、电流表
12	手动向上键　加工启动键　手动向下键　加工停止键　手动对刀键　加工液泵键　移动速度键	关加工液 按手操器上的"加工液泵"键或 按控制柜上的"加工液泵"键均可
13		清理现场 ① 取下工件； ② 清理机床工作台表面； ③ 整理工具

六、评分标准

样板零件的加工工艺评分标准如表 4-3 所示。

表 4-3　样板零件的加工工艺评分标准

序号	项目与技术要求	配分	评分标准	自评	师评
1	工件装夹	15	装夹牢固，不得松动、歪斜		
2	工具电极装夹与找正	20	工具电极装夹牢固，不得松动、歪斜；找正时，确保电极轴线与工件上表面垂直		
3	电规准设定	40	电规准设定合理，符合电加工工艺		
4	放电加工	15	加工过程监控，及时处理突发状况		
5	清理现场	10	清洁加工现场		
6	合　　计	100	总　　分		

4.2.2　去除折断工具的电火花成形加工工艺

一、项目任务书

(1) 根据图纸要求，锐边倒钝，如图 4-2 所示，查阅相关资料进行去除折断在工件中的丝锥或钻头的电火花成形工艺分析。

(2) 制定放电加工的电规准。

(3) 在电火花成形加工机上，设定电规准，完成对折断在工件中的丝锥或钻头的去除加工。

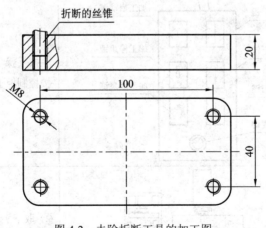

图 4-2　去除折断工具的加工图

二、加工工艺分析

在加工过程中，折断在工件中的丝锥或钻头的去除往往会大费周章，因为丝锥和钻头的材料是碳素工具钢，常规的机加工手段难以将其去除，但是，通过放电加工的方法却可以将其去除。

放电加工前，需根据折断的丝锥和钻头的规格，设计出工具电极，考虑到放电间隙和平动或摇动的使用，工具电极的尺寸应小于丝锥或钻头的规格。

放电加工的电规准应采取先小，再加大，最后再次减小的原则。另外，需注意积碳和加工液喷射的角度和流量。积碳过多，会影响加工速度和效率，加工液喷射的角度和流量大小会影响电蚀物的排出。

三、加工设备选择

(1) 带有被折断丝锥或钻头的工件。

(2) 工具电极。

(3) 直角尺(刀口尺)、百分表及表座。

(4) 电火花成形加工机床。

四、加工工艺制定

(1) 选择加工方法：单电极平动法。

(2) 确定加工顺序：先采取小的电规准加工，待放电稳定后，再采取大的电规准加工，最后再用小的电规准，直至可以从工件中取出折断的丝锥或钻头为止。

(3) 确定装夹方案和选择夹具：压板及压板螺钉。

(4) 选择工具电极：紫铜电极。

(5) 制定电规准：若丝锥或钻头的规格不大的话，脉冲峰值电流可小些，比如 $5\sim10\,A$，脉冲宽度则为 $100\sim200\,\mu s$，脉冲间隔为 $40\sim50\,\mu s$；若规格较大，则应加大脉冲宽度、峰值电流和脉冲间隔，并注意增加抬刀的次数和冲油的流量。

五、加工过程

具体的加工过程见表 4-4。

表 4-4　去除折断工具的加工过程

序号	示　意　图	说　　明
1	压板组件　样板工件 工作台	工件装夹 装夹时利用压板和压板螺钉固定工件
2	样板工件　百分表组 工作台	工件找正 即使工件的一个侧面与 X 轴或 Y 轴平行，用百分表找正

序号	示　意　图	说　　明
3	电极水平尺寸示意图 电极高度尺寸示意图	工具电极设计与加工 ① 电极设计的水平尺寸为 $$d=D-s-\delta-\text{Ra}_1-\text{Ra}_2$$ 其中，D 为折断丝锥或钻头的规格尺寸；s 为放电间隙；δ 为平动量；Ra_1、Ra_2 为前后工序的表面粗糙度的差值。 ② 电极设计的高度尺寸 $$h=H_1+H_2+H_3$$ 其中，H_1 为装夹找正的高度；H_2 为修磨预留高度；H_3 为加工高度。 ③ 加工为紫铜材料在车床上加工
4		工具电极装夹 装夹即将电极固定在主轴头上
5		工具电极找正 利用刀口尺找正

序号	示　意　图	说　明
6	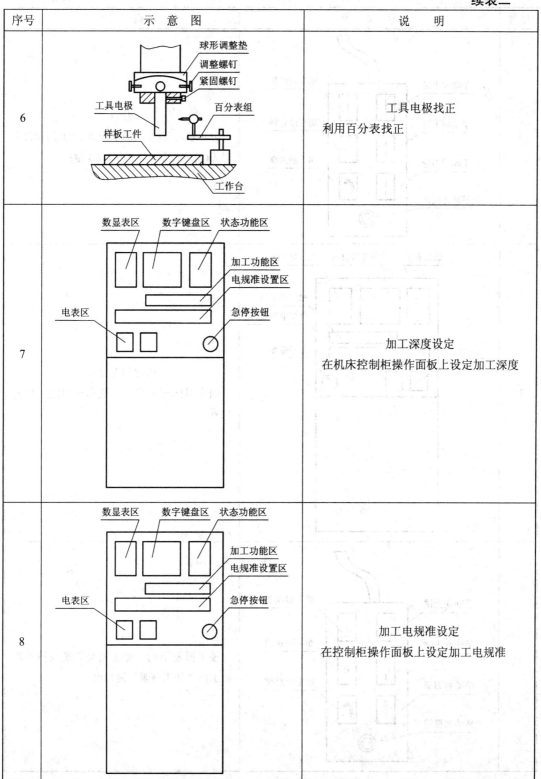	工具电极找正 利用百分表找正
7		加工深度设定 在机床控制柜操作面板上设定加工深度
8		加工电规准设定 在控制柜操作面板上设定加工电规准

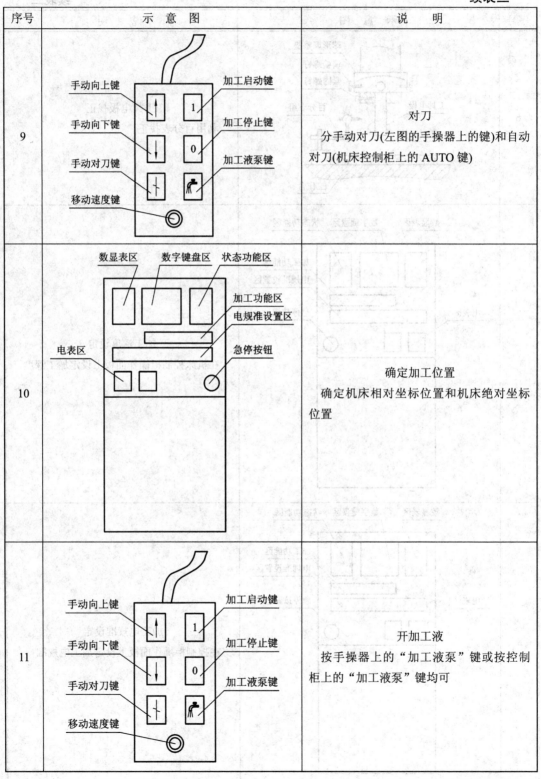

序号	示　意　图	说　明
9	手动向上键　　加工启动键 手动向下键　　加工停止键 手动对刀键　　加工液泵键 移动速度键	对刀 分手动对刀(左图的手操器上的键)和自动对刀(机床控制柜上的 AUTO 键)
10	数显表区　数字键盘区　状态功能区 加工功能区 电规准设置区 电表区　急停按钮	确定加工位置 确定机床相对坐标位置和机床绝对坐标位置
11	手动向上键　　加工启动键 手动向下键　　加工停止键 手动对刀键　　加工液泵键 移动速度键	开加工液 按手操器上的"加工液泵"键或按控制柜上的"加工液泵"键均可

序号	示　意　图	说　明
12	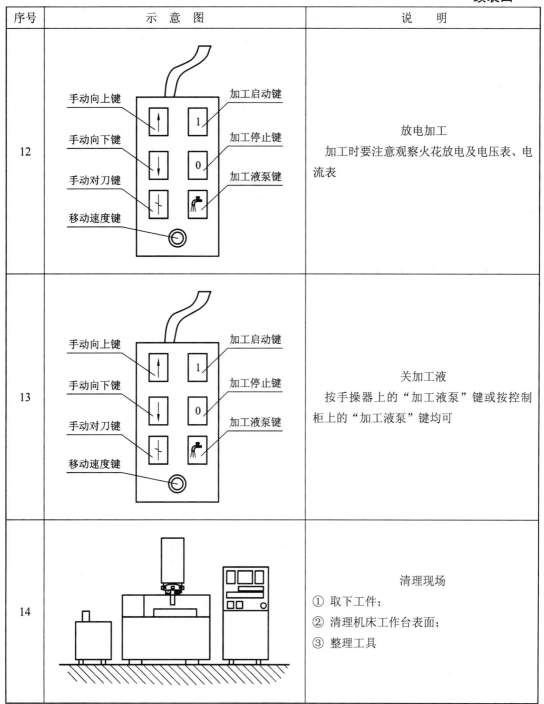	放电加工 加工时要注意观察火花放电及电压表、电流表
13	手动向上键　加工启动键 手动向下键　加工停止键 手动对刀键　加工液泵键 移动速度键	关加工液 按手操器上的"加工液泵"键或按控制柜上的"加工液泵"键均可
14		清理现场 ① 取下工件； ② 清理机床工作台表面； ③ 整理工具

六、评分标准

去除折断工具的加工工艺评分标准如表 4-5 所示。

表 4-5　去除折断工具的加工工艺评分标准

序号	项目与技术要求	配分	评分标准	自评	师评
1	工件装夹	15	装夹牢固，不得松动、歪斜		
2	工具电极装夹与找正	20	工具电极装夹牢固，不得松动、歪斜；找正时，确保与工件表面垂直		
3	电规准设定	40	电规准设定合理，符合电加工工艺		
4	放电加工	15	加工过程监控，及时处理突发状况		
5	清理现场	10	清洁加工现场		
6	合　　计	100	总　　分		

4.2.3　通孔零件的电火花成形加工工艺

一、项目任务书

(1) 根据图纸要求，锐边倒钝，如图 4-3 所示，查阅相关资料进行通孔的电火花成形加工工艺分析。

(2) 制定放电加工的电规准。

(3) 在电火花成形加工机上，设定电规准，完成对通孔的加工。

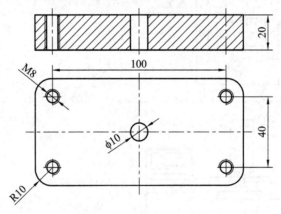

图 4-3　通孔零件的加工图

二、加工工艺分析

工件为矩形，可采用压板固定装夹。

放电前的找正必须准确，可利用工具电极对边找正的方法，确定通孔的中心位置。

电规准需选择小电流窄脉宽，并采用平动或摇动的方法来修正侧面，确保通孔的圆度误差。

放电加工时，应将工件的底部垫高后压板装夹，确保电蚀物可以从通孔的底部顺利排出，减少二次放电对通孔侧面加工的影响。

三、加工设备选择

(1) 带通孔的工件。

(2) 工具电极。

(3) 直角尺(刀口尺)、百分表及表座。

(4) 电火花成形加工机床。

四、加工工艺制定

(1) 选择加工方法：单电极平动法。

(2) 确定加工顺序：先采取小的电规准加工，待放电稳定后，再采取大的电规准加工，最后再用小的电规准，直至加工结束为止。

(3) 确定装夹方法和选择夹具：垫块、压板及压板螺钉。

(4) 选择工具电极：紫铜电极。

(5) 制定电规准：通孔加工主要解决电蚀物排出的问题，因此在电规准制定上，粗加工可采取长脉冲大电流，精加工时可更换电极，采取窄脉冲小电流。

五、加工过程

具体加工过程见表 4-6。

表 4-6　通孔零件的加工过程

序号	示　意　图	说　明
1	 压板组件　样板工件 工作台	工件装夹 装夹时利用压板和压板螺钉固定
2	 样板工件　百分表组 工作台	工件找正 使工件的一个侧面与 X 轴或 Y 轴平行
3	 球形调整垫 调整螺钉 紧固螺钉 工具电极	工具电极装夹 将电极固定在主轴头上装夹

序号	示　意　图	说　　明
4	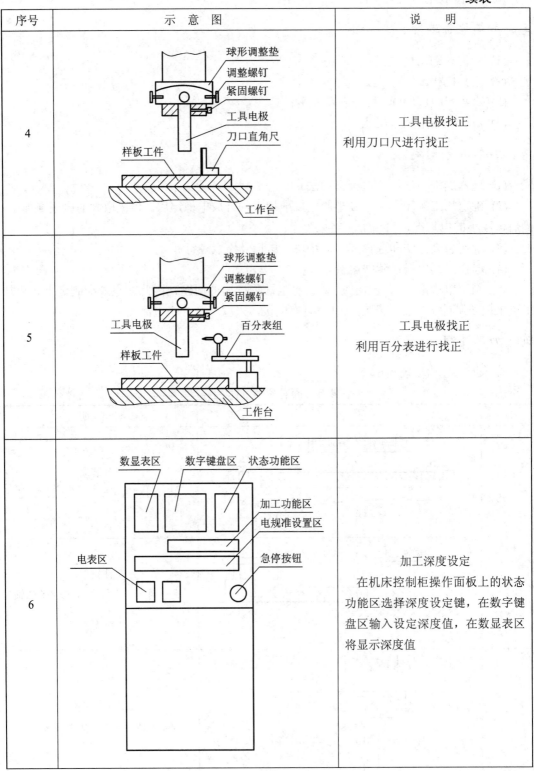	工具电极找正 利用刀口尺进行找正
5		工具电极找正 利用百分表进行找正
6		加工深度设定 在机床控制柜操作面板上的状态功能区选择深度设定键，在数字键盘区输入设定深度值，在数显表区将显示深度值

续表二

序号	示　意　图	说　明
7	数显表区　数字键盘区　状态功能区 加工功能区 电规准设置区 急停按钮 电表区	加工电规准设定 在控制柜操作面板上的电规准设定区设定。如设定电流值，在数字键盘区输入相应电流值，按"ENTER"键即可
8	手动向上键　加工启动键 手动向下键　加工停止键 手动对刀键　加工液泵键 移动速度键	对刀 分手动对刀(操作盒)和自动对刀(机床控制面板 AUTO 键)
9	数显表区　数字键盘区　状态功能区 加工功能区 电规准设置区 急停按钮 电表区	确定加工位置 确定机床相对坐标位置和机床绝对坐标位置

序号	示　意　图	说　明
10	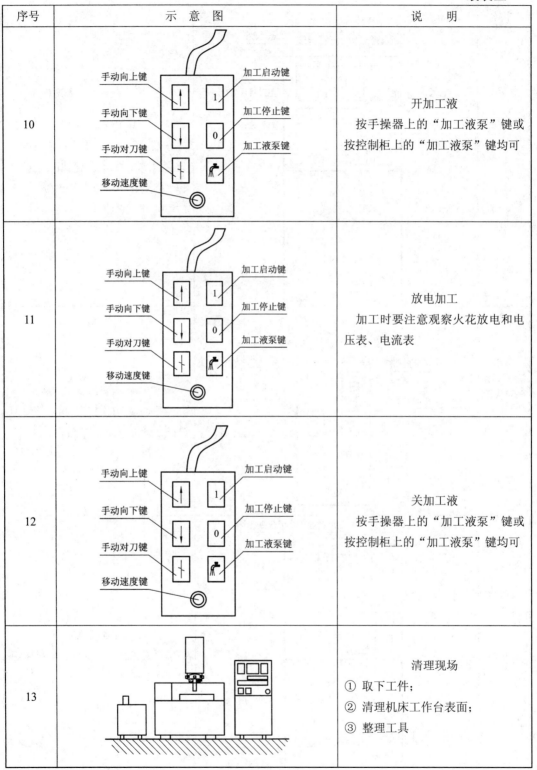	开加工液 按手操器上的"加工液泵"键或按控制柜上的"加工液泵"键均可
11		放电加工 加工时要注意观察火花放电和电压表、电流表
12		关加工液 按手操器上的"加工液泵"键或按控制柜上的"加工液泵"键均可
13		清理现场 ① 取下工件； ② 清理机床工作台表面； ③ 整理工具

六、评分标准

通孔零件加工的评分标准如表 4-7 所示。

表 4-7 通孔零件加工评分标准

序号	项目与技术要求	配分	评分标准	自评	师评
1	工件装夹	15	装夹牢固，不得松动、歪斜		
2	工具电极装夹与找正	20	工具电极装夹牢固，不得松动、歪斜；找正时，确保与工件表面垂直		
3	电规准设定	40	电规准设定合理，符合电加工工艺		
4	放电加工	15	加工过程监控，及时处理突发状况		
5	清理现场	10	清洁加工现场		
6	合　　计	100	总　　分		

4.2.4 窄缝零件的电火花成形加工工艺

一、项目任务书

(1) 根据图纸要求，锐边倒钝，如图 4-4 所示，查阅相关资料进行零件上窄缝的电火花成形加工工艺分析。

(2) 制定放电加工的电规准。

(3) 在电火花成形加工机上，设定电规准，完成对零件上窄缝的加工。

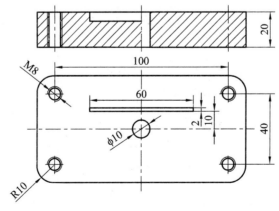

图 4-4 窄缝零件的加工图

二、加工工艺分析

零件上存在宽度比较小的窄缝，常规的刀具无法对窄缝进行加工。比如铣削加工，刀具规格小，其切削刃就短，加工难度将随之增大。而采用电火花成形加工是可以做到的。

由于窄缝的宽度限制，从而工具电极的尺寸更要小于窄缝的宽度，那么放电加工时，由于作用在工具电极上的电流密度较大，工具电极的相对损耗也会增大，且容易产生拉弧现象，导致工具电极烧坏。

在电规准的确定上，应采用小电流、窄脉宽、正极性加工。最好选择两个电极，一个用于粗加工，另一个用于精加工。

三、加工设备选择

(1) 带窄缝的零件。

(2) 工具电极(粗加工电极、精加工电极)。

(3) 磁性吸盘。

(4) 电极扁夹。

(5) 直角尺(刀口尺)、百分表及表座。

(6) 电火花成形加工机床。

四、加工工艺制定

(1) 选择加工方法：单电极平动法。

(2) 确定加工顺序：先用粗加工电极加工，再用精加工电极加工。

(3) 确定装夹方法和选择夹具：电极用电极扁夹装夹，工件用磁性吸盘吸附固定。

(4) 选择工具电极：用两个电极，一个粗加工电极和一个精加工电极。

(5) 制定电规准：粗加工时，可适当加大电流、大脉宽；精加工时，必须是小电流、窄脉宽、正极性加工。

五、加工过程

具体的加工过程见表 4-8。

表 4-8　窄缝零件的加工过程

序号	示　意　图	说　　明
1		工件装夹 采用磁性吸盘装夹
2		工件找正 将工件的一个侧面与 X 轴或 Y 轴平行，用限位挡铁

序号	示　意　图	说　明
3	球形调整垫 调整螺钉 紧固螺钉 电极扁夹 工具电极	工具电极装夹 将电极固定在电极扁夹上，再将电极扁夹的另一端与主轴连接
4	球形调整垫 调整螺钉 紧固螺钉 电极扁夹 工具电极 刀口直角尺 工件 磁性吸盘 工作台	工具电极找正 用刀口尺进行找正
5	球形调整垫 调整螺钉 紧固螺钉 电极扁夹 工具电极 百分表组 工件 磁性吸盘 工作台	工具电极找正 用百分表进行找正

序号	示　意　图	说　明
6	数显表区　数字键盘区　状态功能区 加工功能区 电规准设置区 电表区 急停按钮	加工深度设定 在机床控制柜操作面板上的状态功能区选择深度设定键，在数字键盘区输入设定深度值，在数显表区将显示深度值
7	数显表区　数字键盘区　状态功能区 加工功能区 电规准设置区 电表区 急停按钮	加工电规准设定 在控制柜操作面板上的电规准设定区设定，如设定电流值，在数字键盘区输入相应电流值，按"ENTER"键即可
8	手动向上键　加工启动键 手动向下键　加工停止键 手动对刀键　加工液泵键 移动速度键	对刀 分手动对刀(操作盒)和自动对刀(机床控制面板 AUTO 键)

续表三

序号	示 意 图	说 明
9	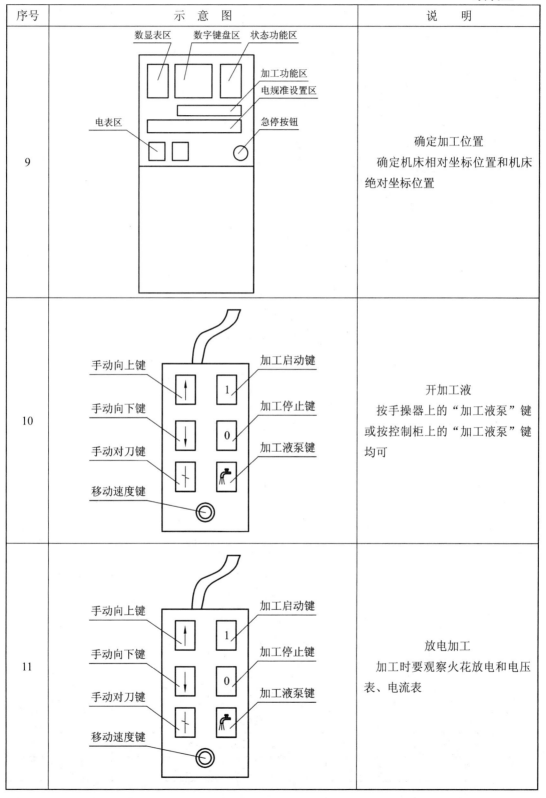	确定加工位置 确定机床相对坐标位置和机床绝对坐标位置
10		开加工液 按手操器上的"加工液泵"键或按控制柜上的"加工液泵"键均可
11		放电加工 加工时要观察火花放电和电压表、电流表

续表四

序号	示　意　图	说　明
12	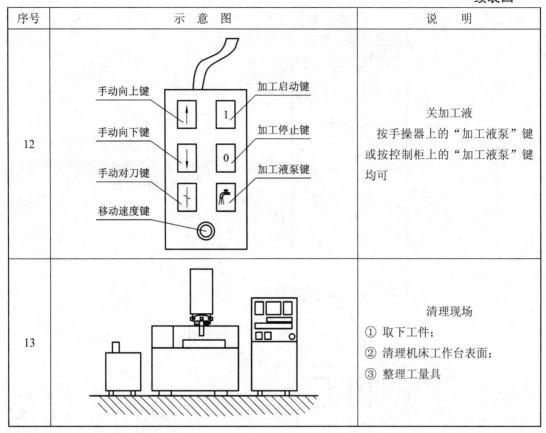	关加工液 按手操器上的"加工液泵"键或按控制柜上的"加工液泵"键均可
13		清理现场 ① 取下工件； ② 清理机床工作台表面； ③ 整理工量具

六、评分标准

窄缝零件加工的评分标准如表 4-9 所示。

表 4-9　窄缝零件加工的评分标准

序号	项目与技术要求	配分	评分标准	自评	师评
1	工件装夹	15	装夹牢固，不得松动、歪斜		
2	工具电极装夹与找正	20	工具电极装夹牢固，不得松动、歪斜；找正时，确保与工件表面垂直		
3	电规准设定	40	电规准设定合理，符合电加工工艺		
4	放电加工	15	加工过程监控，及时处理突发状况		
5	清理现场	10	清洁加工现场		
6	合　　计	100	总　　分		

4.2.5 型腔零件的电火花成形加工工艺

一、项目任务书

(1) 根据图纸要求，锐边倒钝，如图 4-5 所示，查阅相关资料进行型腔的电火花成形加工工艺分析。

(2) 制定放电加工的电规准。

(3) 在电火花成形加工机上，设定电规准，完成对型腔的加工。

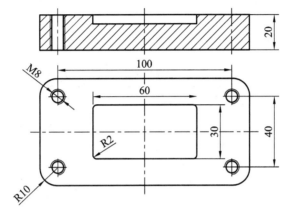

图 4-5 型腔零件的加工图纸

二、加工工艺分析

型腔的加工属于不通孔加工，工作液的循环和电蚀物的排除条件差，工具电极损耗不均匀，很难保证加工精度。

目前，型腔的电火花加工主要有单电极平动法、多电极更换法和分解电极加工法。单电极平动法应用最为广泛，即使用一个电极完成所有的加工过程。但是，单电极平动法加工精度稍差些，电极若积碳严重则会影响加工效率。多电极更换法是使用多个电极，比如使用粗加工电极和精加工电极完成对型腔的加工，不过要注意电极的装夹，因为二次装夹，装夹的重复定位精度必须很高才行，否则很难在更换电极后，去除前一次的放电痕迹。分解电极加工法是单电极平动法和多电极更换法的综合，适用于复杂的型腔，特别是有窄缝、深槽或深孔的型腔模具中。

三、加工设备选择

(1) 工件：在加工中心上挖好型腔的粗加工工件。

(2) 工具电极：紫铜电极或石墨电极。

(3) 电火花成形加工机床。

四、加工工艺制定

(1) 选择加工方法：根据图纸要求，选择多电极更换法。

(2) 确定加工顺序：先用粗加工电极进行粗加工，再用精加工电极进行精加工。

(3) 确定装夹方法和选择夹具：工件的装夹采用磁性吸盘，电极的装夹采用电火花专用夹具。

(4) 选择工具电极：根据图纸要求，电极的尺寸不大，故可用紫铜电极；若型腔的尺寸较大时，可用石墨材料制作电极。

(5) 制定电规准：由于型腔加工是不通孔加工，电蚀物的排出比较困难，所以在制定电规准时，应采取先小电流、窄脉宽，待加工稳定了，再大电流、长脉宽，并辅以一定的平动量，且随着加工深度的增加，抬刀的次数也需要逐渐增多。最后需小电流、窄脉宽加工。全程关注电压表或电流表指针的变化情况，及时调整电规准。

五、加工过程

具体加工过程见表 4-10。

表 4-10 型腔零件的加工过程

序号	示 意 图	说 明
1		工件装夹 采用磁性吸盘装夹
2		工件找正 将工件的一个侧面与 X 轴或 Y 轴平行，用限位挡铁
3		工具电极装夹 将电极固定在电极扁夹上，再将电极扁夹的另一端与主轴连接
4		工具电极找正 用刀口尺进行找正

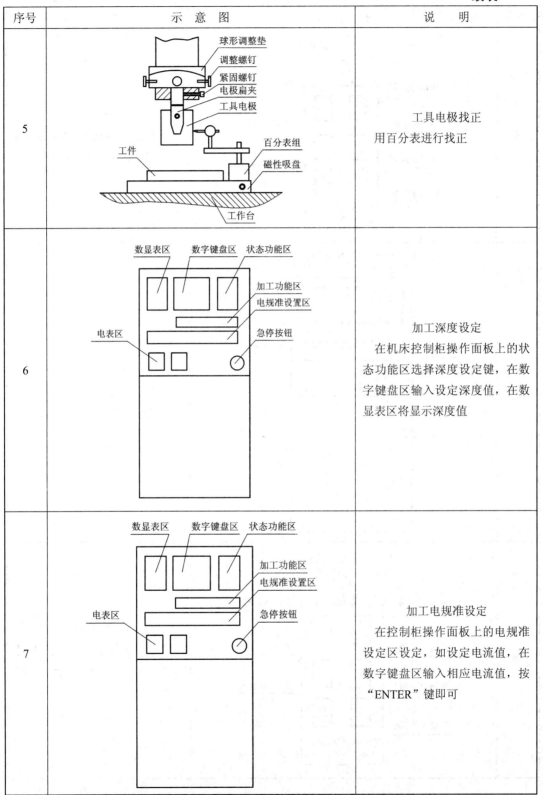

序号	示　意　图	说　明
5		工具电极找正 用百分表进行找正
6		加工深度设定 在机床控制柜操作面板上的状态功能区选择深度设定键，在数字键盘区输入设定深度值，在数显表区将显示深度值
7		加工电规准设定 在控制柜操作面板上的电规准设定区设定，如设定电流值，在数字键盘区输入相应电流值，按"ENTER"键即可

序号	示　意　图	说　明
8	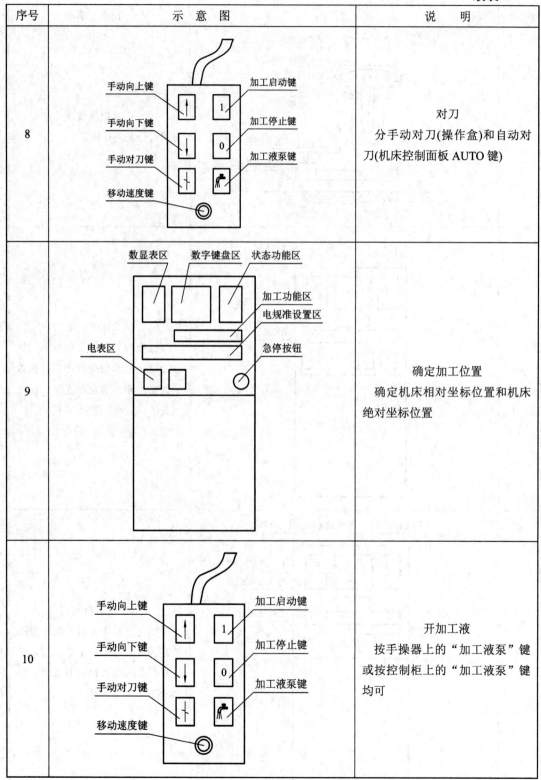 手动向上键　加工启动键 1 手动向下键　加工停止键 0 手动对刀键　加工液泵键 移动速度键	对刀 分手动对刀(操作盒)和自动对刀(机床控制面板 AUTO 键)
9	数显表区　数字键盘区　状态功能区 加工功能区 电规准设置区 电表区　急停按钮	确定加工位置 确定机床相对坐标位置和机床绝对坐标位置
10	手动向上键　加工启动键 1 手动向下键　加工停止键 0 手动对刀键　加工液泵键 移动速度键	开加工液 按手操器上的"加工液泵"键或按控制柜上的"加工液泵"键均可

续表三

序号	示　意　图	说　　明
11	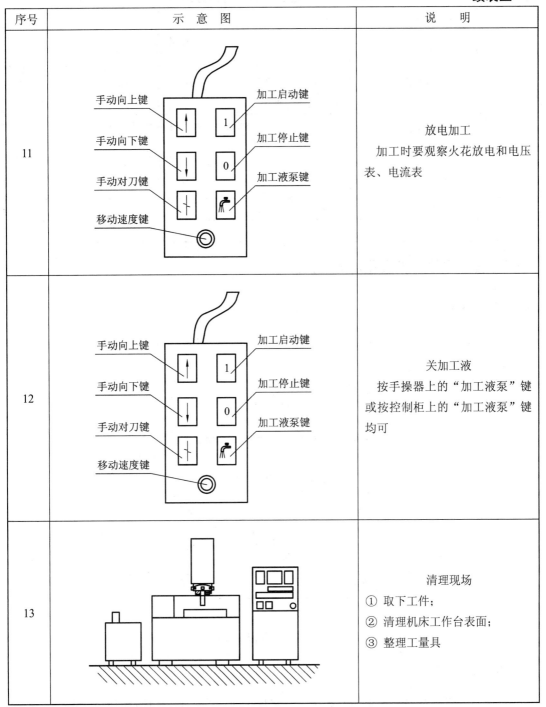	放电加工 　　加工时要观察火花放电和电压表、电流表
12		关加工液 　　按手操器上的"加工液泵"键或按控制柜上的"加工液泵"键均可
13		清理现场 ① 取下工件； ② 清理机床工作台表面； ③ 整理工量具

六、评分标准

型腔零件加工的评分标准如表 4-11 所示。

表 4-11　型腔零件加工的评分标准

序号	项目与技术要求	配分	评分标准	自评	师评
1	工件装夹	15	装夹牢固，不得松动、歪斜		
2	工具电极装夹与找正	20	工具电极装夹牢固，不得松动、歪斜；找正时，确保与工件表面垂直		
3	电规准设定	40	电规准设定合理，符合电加工工艺		
4	放电加工	15	加工过程监控，及时处理突发状况		
5	清理现场	10	清洁加工现场		
6	合　计	100	总　分		

4.2.6　套料零件的电火花成形加工工艺

一、项目任务书

(1) 根据图纸要求，锐边倒钝，如图 4-6 所示，查阅相关资料进行套料的电火花成形加工工艺分析。

(2) 制定放电加工的电规准。

(3) 在电火花成形加工机上，设定电规准，完成对套料的加工。

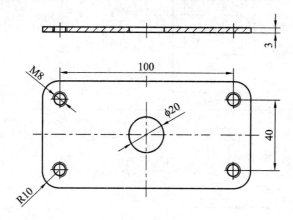

图 4-6　套料零件加工图纸

二、加工工艺分析

套料加工用于对淬硬工件的套孔下料，其加工速度快，工具电极损耗小，生产效率高。

套料加工的电极是紫铜管，中间的空心部分可通入加工液，加工区域为紫铜管壁厚的环形区域。另外，可采用平动，加速排除电蚀物和排气，平动量需控制在 0.1 mm 以内。

套料加工的电极为紫铜管，其电流密度较大，所以在加工过程中，电规准可采取粗加工→中加工和精加工的策略，脉冲电流不宜过大，脉冲宽度也如此。

三、加工设备选择

(1) 工件。

(2) 工具电极。

(3) 电火花成形加工机床。

四、加工工艺制定

(1) 选择加工方法：单电极平动法。

(2) 确定加工顺序：粗加工→中加工和精加工。

(3) 确定装夹方法和选择夹具：工件可采用压板、垫块及压板螺钉固定；工具电极可采用钻夹头固定。

(4) 选择工具电极：紫铜管。

(5) 制定电规准：粗加工可适当加大电流和脉宽，中加工应减小电流和脉宽，精加工应采用更小的电流和脉宽。

五、加工过程

具体的加工过程见表 4-12。

表 4-12 套料零件的加工过程

序号	示 意 图	说 明
1		工件装夹 采用压板和压板螺钉固定
2		工件找正 将工件的一个侧面与 X 轴或 Y 轴平行
3		工具电极装夹 将电极固定在主轴头上

续表一

序号	示　意　图	说　　明
4	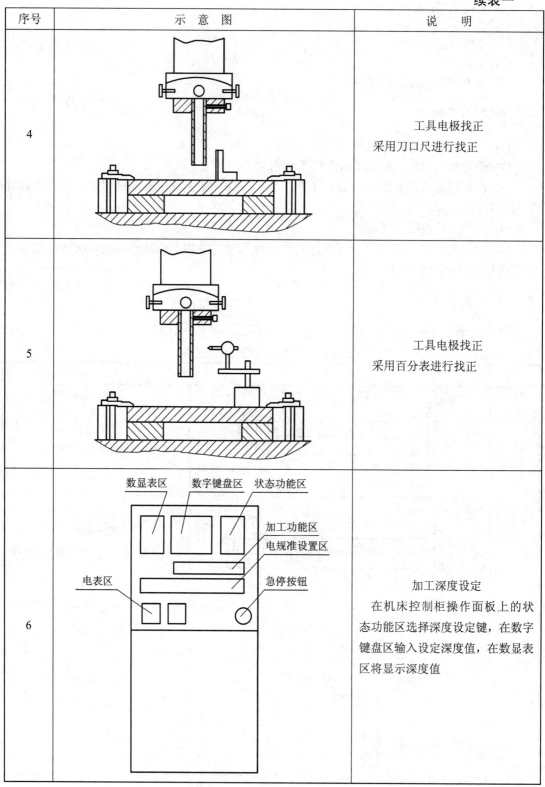	工具电极找正 采用刀口尺进行找正
5		工具电极找正 采用百分表进行找正
6		加工深度设定 　在机床控制柜操作面板上的状态功能区选择深度设定键，在数字键盘区输入设定深度值，在数显表区将显示深度值

续表二

序号	示　意　图	说　明
7	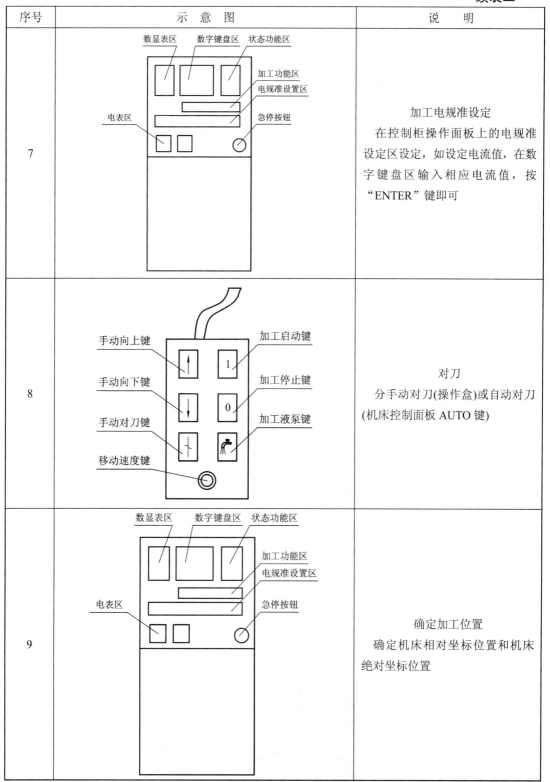	加工电规准设定 　在控制柜操作面板上的电规准设定区设定，如设定电流值，在数字键盘区输入相应电流值，按"ENTER"键即可
8		对刀 　分手动对刀(操作盒)或自动对刀(机床控制面板 AUTO 键)
9		确定加工位置 　确定机床相对坐标位置和机床绝对坐标位置

续表三

序号	示　意　图	说　　明
10	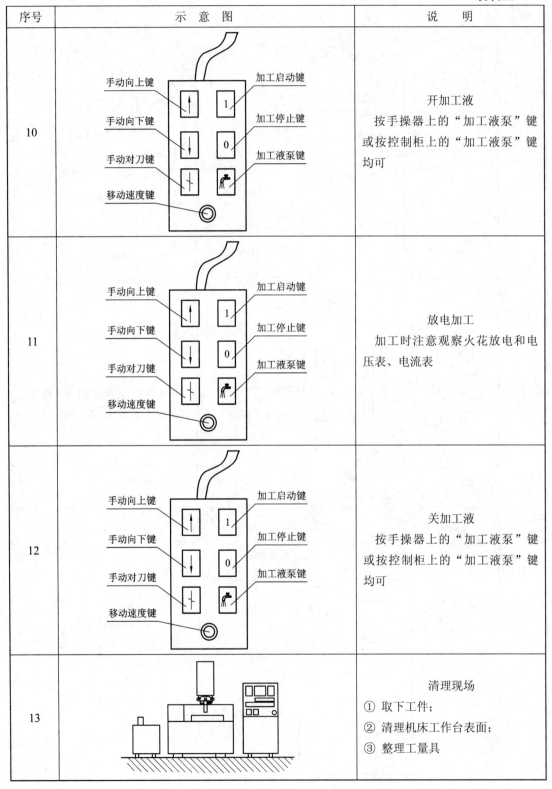	开加工液 　按手操器上的"加工液泵"键或按控制柜上的"加工液泵"键均可
11		放电加工 　加工时注意观察火花放电和电压表、电流表
12		关加工液 　按手操器上的"加工液泵"键或按控制柜上的"加工液泵"键均可
13		清理现场 ① 取下工件; ② 清理机床工作台表面; ③ 整理工量具

示意图中标注：手动向上键、手动向下键、手动对刀键、移动速度键、加工启动键、加工停止键、加工液泵键

六、评分标准

套料零件加工的评分标准如表 4-13 所示。

表 4-13 套料零件加工的评分标准

序号	项目与技术要求	配分	评 分 标 准	自评	师评
1	工件装夹	15	装夹牢固，不得松动、歪斜		
2	工具电极装夹与找正	20	工具电极装夹牢固，不得松动、歪斜；找正时，确保与工件表面垂直		
3	电规准设定	40	电规准设定合理，符合电加工工艺		
4	放电加工	15	加工过程监控，及时处理突发状况		
5	清理现场	10	清洁加工现场		
6	合　计	100	总　分		

模块五　数控电火花线切割加工工艺

　　学习目的：了解电火花线切割加工的特点及主要的加工对象，掌握电火花线切割加工工艺；通过对典型实例的分析，熟练掌握电火花线切割加工工艺，并按照所给零件图的技术要求，编制合理的电火花线切割加工工艺。

5.1　概　　述

　　电火花线切割加工是特种加工技术中的一个重要的组成部分。它是利用金属导线作为电极，依靠与工件之间的火花放电，进行工件切割的加工方法。

　　电火花线切割加工有其独特的优势，其一是可以加工材料硬度大于刀具的工件；其二是加工模具时，可以获得较为良好的配合间隙；其三是加工用的电极；其四是可加工新产品零件，比如上下异形(天圆地方)，再比如凸轮、齿轮等零件。

　　本模块通过数个实例，如角度样板零件的电火花线切割加工、圆孔零件的电火花线切割加工、垫圈零件的电火花线切割加工、矢量化图形的电火花线切割加工、锥度零件的电火花线切割加工、"蝴蝶"组件的线切割加工等，使学生深入学习电火花线切割加工工艺。

5.2　经典实例介绍

5.2.1　角度样板零件的电火花线切割加工工艺

一、项目任务书

　　(1) 根据图纸要求，锐边倒钝，如图5-1所示。查阅相关资料对角度样板零件的电火花线切割加工工艺进行分析。

　　(2) 在 CAXA 线切割软件上进行图形绘制、轨迹生成、轨迹仿真和 G 代码生成操作。

　　(3) 在线切割机床上，完成 G 代码传输、机床仿真和线切割加工。

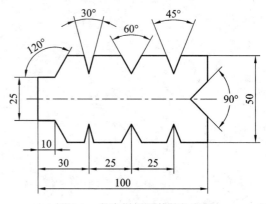

图 5-1　角度样板零件的加工图

二、加工工艺分析

角度样板是一种较为常用的角度测量工具。为了防止日后生锈变形，可选用不锈钢板材加工。角度样板零件的线切割加工属于外形轮廓加工，切割时须注意钼丝的补偿量的设置，通常补偿量为钼丝半径加上放电间隙。在切割的次数上，可选用一次切割，或是多次切割。多次切割需设置一定的支撑宽度。为了保证角度样板的切割质量，电规准可选得小些。

三、加工设备选择

(1) 工件：不锈钢板材。

(2) 计算机：装有 CAXA 线切割软件及与机床通信的软件协议。

(3) 线切割加工机床。

四、加工工艺制定

(1) 选择加工方法：电火花线切割外形轮廓加工。

(2) 确定加工顺序：首先在计算机上运行 CAXA 软件，完成图形绘制、轨迹生成、轨迹仿真和 G 代码生成；然后将计算机与机床通过网线连接，将 G 代码传输到机床的内存中；最后在机床上完成加工。

(3) 确定装夹方案和选择夹具：工件的装夹采用压板和压板螺钉，待切割大半的时候，暂停机床，用 C 形钳夹紧工件，防止切割完成时的工件掉落将钼丝碰断或是工件掉落卡在下导轮孔处被割坏。

(4) 选择刀具：钼丝。

(5) 选择切削用量：电规准。

五、加工过程

具体加工过程见表 5-1。

表 5-1　角度样板零件的加工过程

序号	示意图	说明
1	 CAXA线切割 8.0	鼠标点击"CAXA"图标，进入软件界面
2		在软件窗口内，绘制角度样板图

序号	示　意　图	说　　明
3		轨迹生成，给出参数表，填写相关的参数
4		选择切割方向，即选择是顺时针还是逆时针
5		切割外形还是内孔的选择
6		生成轨迹图形
7		轨迹仿真。可静态仿真(图形上有一组数字，数字的大小代表切割的方向)，也可动态仿真(小红点的运动，运动方向为切割方向)

序号	示　意　图	说　　明
8	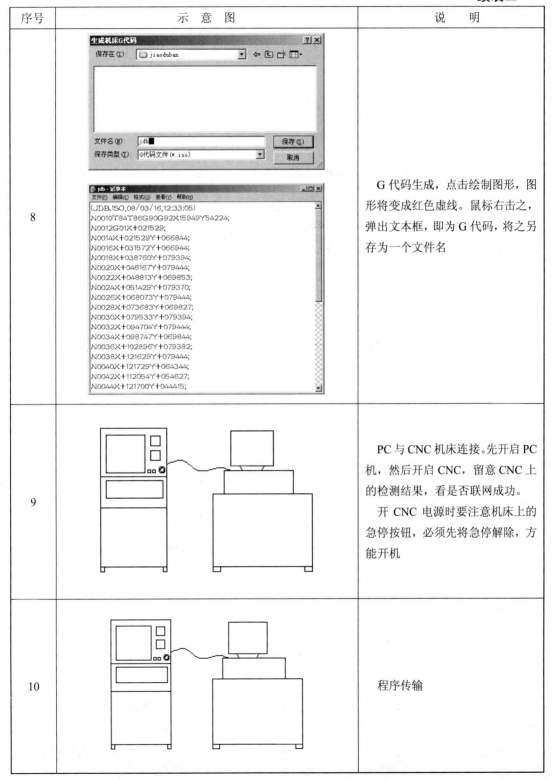	G 代码生成，点击绘制图形，图形将变成红色虚线。鼠标右击之，弹出文本框，即为 G 代码，将之另存为一个文件名
9		PC 与 CNC 机床连接。先开启 PC 机，然后开启 CNC，留意 CNC 上的检测结果，看是否联网成功。 　开 CNC 电源时要注意机床上的急停按钮，必须先将急停解除，方能开机
10		程序传输

序号	示　意　图	说　明
11		机床仿真
12		工件装夹采用压板及压板螺钉固定
13		穿丝。将钼丝从穿丝孔中穿过，按钼丝绕制路径，最后绕制到储丝筒上。调整左右限位开关，确保运丝电机带动丝筒反复运行
14		钼丝找正。穿丝后的钼丝靠近校准器，看校准器上的信号灯，必须是两个灯同时亮才行。X 方向和 Y 方向均需校准
15		找中心。将机床控制面板上的"找中心"设置为"自动找中心"，机床先向 X 正方向运动，钼丝与工件接触放电，找到一个边；然后机床向 X 负方向运动，钼丝与工件接触放电，机床将自动计算出该段长度，取长度的一半返回；最后沿 Y 方向的操作与 X 方向相同，最终找到小孔的中心

续表四

序号	示　意　图	说　明
16	上导轮 下导轮	放电切割。按下控制柜上的"加工"键，机床启动加工程序，先打开工作液，然后开启运丝电机，钼丝在丝筒上高速往复运动，工作台移动，钼丝与工件沿程序切割路径开始放电切割
17	上导轮　C形钳 下导轮	C 形钳紧固。目的是防止切割结束后工件下落，砸断电极丝
18	上导轮　C形钳 下导轮	持续放电，直至加工结束。切割全部结束后，机床会自动先关闭加工液，再关闭运丝电机，丝筒停转
19		清理现场： ① 取下工件； ② 清理机床工作台表面； ③ 整理工(量)具

六、评分标准

角度样板零件加工的评分标准如表 5-2 所示。

表 5-2　角度样板零件加工的评分标准

序号	项目与技术要求	配分	评 分 标 准	自评	师评
1	线切割加工软件编程	30	图形绘制 轨迹生成 轨迹仿真 加工程序生成		
2	工件毛坯装夹	20	工件毛坯装夹牢固，不得松动、歪斜		
3	钼丝找正	20	钼丝找正垂直 校准器找正 火花放电对边找正		
4	线切割加工	30	密切注意加工异常情况，及时处理		
5	清理现场	10	清洁加工现场		
6	合　　计	100	总　　分		

5.2.2　圆孔零件的电火花线切割加工工艺

一、项目任务书

(1) 根据图纸要求，锐角倒钝，如图 5-2 所示。查阅相关资料，对圆孔的电火花线切割加工工艺进行分析。

(2) 在 CAXA 线切割软件上进行图形绘制、轨迹生成、轨迹仿真和 G 代码生成操作。

(3) 在线切割机床上，完成 G 代码传输、机床仿真和线切割加工。

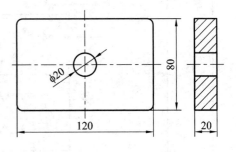

图 5-2　圆孔零件的加工图

二、加工工艺分析

工件上圆孔的线切割加工是线切割加工中较为常见的加工之一。加工时，工件上需预先加工出穿丝孔，穿丝孔要求孔壁清洁，无毛刺。通常可用钻床加工出穿丝孔，再用铰刀进行铰孔；若材料为模具钢或淬火钢时，则用电火花高速小孔机加工出穿丝孔。

线切割加工时，需完成穿丝操作，将钼丝从穿丝孔中穿过，完成上丝，随后利用机床上的"自动找中心"命令，机床会自动寻找穿丝孔的中心位置。一旦完成找中心，就可在机床上调出加工程序，模拟加工路径，随后切换至加工模式。在加工模式下，机床会自动打开加工液，自动沿加工路径进行线切割加工，直至将工件上的圆孔切割完成。

加工过程中，需注意的有三点。第一注意加工过程中的加工液。机床上有两个调节旋钮，分别调整上下丝架上的喷嘴流量，只须调整到加工液将钼丝包裹住即可。第二注意切割废料。加工快结束时，应将机床暂停一会，固定即将掉落的切割废料，若废料比较重，切割后下落就可能砸坏下丝架，最可能的是将钼丝砸断，导致加工中断。第三注意电规准的变化。加工中排出的电蚀物可能会引起短路现象，导致正常的放电过程不稳定，电蚀物粘连在导电块上。倘若加工中，电表指针偏转的比较厉害，则需暂停加工，清理导电块上的电蚀物或是调整加工液的浓度。切割较厚工件时，加工液的浓度需要稀点，而切割薄的工件时，则相反。

三、加工设备选择

(1) 工件：板材。

(2) 计算机：装有 CAXA 线切割软件及与机床通信的软件协议。

(3) 线切割加工机床。

四、加工工艺制定

(1) 选择加工方法：电火花线切割外形轮廓加工。

(2) 确定加工顺序：首先在计算机上运行 CAXA 软件，完成图形绘制、轨迹生成、轨迹仿真和 G 代码生成；然后将计算机与机床通过网线连接，将 G 代码传输到机床的内存中；最后在机床上完成加工。

(3) 确定装夹方案和选择夹具：工件的装夹采用压板和压板螺钉，待切割大半的时候，暂停机床，用 C 形钳夹紧工件，防止切割完成时的工件掉落将钼丝碰断或是工件掉落卡在下导轮孔处被割坏。

(4) 选择刀具：钼丝。

(5) 选择切削用量：电规准。

五、加工过程

具体加工过程见表 5-3。

表 5-3 圆孔零件的加工过程

序号	示 意 图	说 明
1	CAXA线切割 8.0	鼠标点击"CAXA"图标，进入软件界面
2		在软件窗口内，绘制加工工件图

续表一

序号	示 意 图	说 明
3		轨迹生成，给出参数表，填写相关的参数
4		选择切割方向，即选择顺时针还是逆时针
5		切割外形还是内孔的选择，这里选择切割内孔
6		生成轨迹图形
7		轨迹仿真。可静态仿真（图形上一组数字，数字的大小代表切割的方向），也可动态仿真（小红点的运动，运动方向为切割方向）

续表二

序号	示　意　图	说　明
8		G 代码生成。点击绘制图形，图形将变成红色虚线。鼠标右击之，弹出文本框，即为 G 代码，将之另存为一个文件名
9		PC 与 CNC 机床连接。先开启 PC 机，然后开启 CNC，留意 CNC 上的检测结果，看是否联网成功。 　开 CNC 电源时，要注意机床上的急停按钮，必须先将急停解除，方能开机
10		程序传输。将计算机和机床的控制柜通过网线连接，在计算机的共享文件夹中选取加工文件，然后传输至机床的相应文件夹中保存，加工需要时可调用。另外也可将加工文件直接放在机床的屏幕上使用，机床关机后此加工文件不予保存
11		机床仿真。在机床的操作界面上仿真切割过程，可以看出工件该如何放置，以及切割路径和切割方向

序号	示　意　图	说　明
12		工件装夹。此处采取压板及压板螺钉固定，工件上的小孔为穿丝孔
13	上导轮　下导轮	穿丝。将钼丝从穿丝孔中穿过，最后绕在丝筒上，调整丝筒处的限位开关，确保丝筒的往复运行
14	钼丝　校准器	钼丝校垂直。穿丝后的钼丝靠近校准器，看校准器上的信号灯，必须是两个灯同时亮才行。X 方向和 Y 方向均需校准
15	上导轮　下导轮	找中心。将机床控制面板上的"找中心"设置为"自动找中心"，机床先向 X 正方向运动，钼丝与工件接触放电，找到一个边；然后机床向 X 负方向运动，钼丝与工件接触放电，机床将自动计算出该段长度，取长度的一半返回；最后沿 Y 方向的操作与 X 方向相同，最终找到小孔的中心

续表四

序号	示　意　图	说　明
16	上导轮 下导轮	放电切割。按控制柜上"加工"键，机床将会进入加工状态，会自动打开加工液，开启运丝电机，钼丝高速运动，机床将按编程指令运动，进行切割加工
17	磁铁	磁铁吸附切断部位，用于工件的固定，确保切割工件在切割完成后不会掉落
18	磁铁	持续放电，直至加工结束。加工结束时，机床会自动先关闭加工液，然后再关闭运丝电机
19		清理现场： ① 取下工件； ② 清理机床工作台表面； ③ 整理工(量)具

六、评分标准

　　圆孔零件加工的评分标准如表 5-4 所示。

表 5-4　圆孔零件加工的评分标准

序号	项目与技术要求	配分	评分标准	自评	师评
1	线切割加工软件编程	30	图形绘制 轨迹生成 轨迹仿真 加工程序生成		
2	工件毛坯装夹	10	工件毛坯装夹牢固，不得松动、歪斜		
3	穿丝找正	30	穿丝操作 校准器找正 火花放电对边找正		
4	线切割加工	20	密切注意加工异常情况，及时处理		
5	清理现场	10	清洁加工现场		
6	合　　计	100	总　　分		

5.2.3　垫圈零件的电火花线切割加工工艺

一、项目任务书

(1) 根据图纸要求，锐边倒钝，如图 5-3 所示。查阅相关资料，对垫圈的电火花线切割加工工艺进行分析。

(2) 在 CAXA 线切割软件上进行图形绘制、轨迹生成、轨迹仿真和 G 代码生成操作。

(3) 在线切割机床上，完成 G 代码传输、机床仿真和线切割加工。

图 5-3　垫圈零件的加工图

二、加工工艺分析

垫圈的线切割加工是线切割跳步加工的应用。跳步加工是指先加工出垫圈中间部分的圆孔，然后拆丝，按编程程序移动机床至切割外形的穿丝点中心，再次完成上丝过程，接着启动机床，加工出垫圈的外形。

加工前，工件上需预先加工出穿丝孔，穿丝孔要求孔壁清洁，无毛刺。通常可用钻床加工出穿丝孔，再用铰刀进行铰孔；若材料为模具钢或淬火钢，则用电火花高速小孔机加工出穿丝孔。

线切割加工时，需完成穿丝操作，将钼丝从穿丝孔中穿过，完成上丝，随后利用机床上的"自动找中心"命令，机床会自动寻找穿丝孔的中心位置。一旦完成找中心，就可在机床上调出加工程序，模拟加工路径，再转换至加工模式。启动加工模式，机床会自动打开加工液，自动沿加工路径进行线切割放电加工，直至将工件上的中心部位切割完成。然后，机床暂停加工，等待拆丝，拆丝完成后，再次启动机床，机床将自动按编程路径走到下一个穿丝点位置，操作者完成上丝，启动机床，放电切割外形，直至整个垫圈切割完成。

加工过程中的注意事项同前。

三、加工设备选择

(1) 工件：板材。

(2) 计算机：装有 CAXA 线切割软件及与机床通信的软件协议。

(3) 线切割加工机床。

四、加工工艺制定

(1) 选择加工方法：先切割内孔，然后再切割外形轮廓的加工。

(2) 确定加工顺序：首先在计算机上运行 CAXA 软件，完成图形绘制、轨迹生成、轨迹仿真和 G 代码生成；然后将计算机与机床通过网线连接，将 G 代码传输到机床的内存中；最后在机床上完成加工。

(3) 确定装夹方案和选择夹具：工件的装夹采用压板和压板螺钉，待切割大半的时候，暂停机床，用 C 形钳夹紧工件，防止切割完成时的工件掉落将钼丝碰断或是工件掉落卡在下导轮孔处被割坏。

(4) 选择刀具：钼丝。

(5) 选择切削用量：电规准。

五、加工过程

具体加工过程见表 5-5。

表 5-5 垫圈零件的加工过程

序号	示 意 图	说 明
1	CAXA线切割 8.0	鼠标点击"CAXA"图标，进入软件界面
2		在软件窗口内，绘制加工工件图

序号	示 意 图	说 明
3		轨迹生成，选择内孔的轮廓，给出参数表，填写相关的参数
4		选择切割方向，即选择是顺时针还是逆时针
5		选择切割外形还是内孔，这里选择切割内孔
6		生成内孔的切割路径

续表二

序号	示　意　图	说　明
7		再次选择外形轮廓，重复第3, 4, 5, 6步，完成对外形的轨迹生成
8		轨迹跳步。将内孔的切割轨迹和外形的切割轨迹连接起来
9	小红点	轨迹仿真。可静态仿真(图形上一组数字，数字的大小代表切割的方向)，也可动态仿真(小红点的运动，运动方向为切割方向)

序号	示　意　图	说　　明
10		G 代码生成。点击绘制图形，图形将变成红色虚线。鼠标右击之，弹出文本框，即为 G 代码，将之另存为一个文件名
11		PC 与 CNC 机床连接。先开启 PC 机，然后开启 CNC，留意 CNC 上的检测结果，查看是否联网成功。 　　开启 CNC 电源时要注意机床上的急停按钮，必须先将急停解除，方能开机
12		程序传输
13		机床仿真

续表四

序号	示　意　图	说　明
14		工件装夹
15	钼丝　校准器	钼丝找正
16	上导轮　下导轮	穿丝 1
17	上导轮　下导轮	找中心。确定孔 1 的中心位置，也就是编程的起点位置
18	上导轮　下导轮	放电切割

续表五

序号	示　意　图	说　明
19	C形钳	C形钳紧固
20	上导轮　下导轮	持续放电,直至内孔加工结束。拆丝,拆丝完成后,启动机床,工作台移动至下一个穿丝点位置
21	上导轮　下导轮	穿丝 2
22	上导轮　下导轮	找中心

序号	示意图	说　明
23	上导轮 下导轮	放电切割
24	C形钳	C 形钳紧固
25	C形钳 C形钳	放电切割
26		清理现场： ① 取下工件； ② 清理机床工作台表面； ③ 整理工(量)具

六、评分标准

垫圈零件加工的评分标准如表 5-6 所示。

表 5-6　垫圈零件加工的评分标准

序号	项目与技术要求	配分	评分标准	自评	教评
1	线切割加工软件编程	30	图形绘制 轨迹生成 轨迹跳步 轨迹仿真 加工程序生成		
2	工件毛坯装夹	10	工件毛坯装夹牢固，不得松动、歪斜		
3	穿丝找正	20	穿丝操作 校准器找正 火花放电对边找正		
4	线切割跳步加工	30	密切注意加工异常情况，及时处理 机床暂停处理		
5	清理现场	10	清洁加工现场		
6	合　　　计	100	总　　分		

5.2.4　矢量化图形零件的电火花线切割加工工艺

一、项目任务书

(1) 根据图纸要求，锐边倒钝，如图 5-4 所示。查阅相关资料，对矢量化图形的电火花线切割加工工艺进行分析。

(2) 在 CAXA 线切割软件上进行图形调入、矢量化图形、提取图形轮廓、轨迹生成、轨迹仿真和 G 代码生成操作。

(3) 在线切割机床上，完成 G 代码传输、机床仿真和线切割加工。

图 5-4　矢量化图形零件的加工图

二、加工工艺分析

当需要将一张图片上的轮廓作为加工的图形文件时，可使用 CAXA 软件上提供的位图矢量化功能加以实现。

首先将选择好的 BMP 位图文件调入 CAXA 中，选择位图矢量化工具，进行位图矢量化，软件将提取出图形轮廓，对该轮廓进行直线拟合(轮廓较为简单，线条不复杂)或是圆弧拟合(轮廓较复杂)；然后隐藏位图，就可得到矢量化后的图形；最后对此图形进行轨迹生成、轨迹仿真和 G 代码生成的操作。

置于机床上的操作工艺与之前的几个项目一样，这里不再赘述。

三、加工设备选择

(1) 工件：板材。

(2) 计算机：装有 CAXA 线切割软件及与机床通信的软件协议。

(3) 线切割加工机床。

四、加工工艺制定

(1) 选择加工方法：矢量化图形轮廓的电火花线切割加工。

(2) 确定加工顺序：首先在计算机上运行 CAXA 软件，完成图形调入、位图矢量化图形、轨迹生成、轨迹仿真和 G 代码生成；然后将计算机与机床通过网线连接，将 G 代码传输到机床的内存中；最后在机床上完成矢量化图形的加工。

(3) 确定装夹方案和选择夹具：工件的装夹采用压板和压板螺钉，待切割大半的时候，暂停机床，用 C 形钳夹紧工件，防止切割完成时的工件掉落将钼丝碰断或是工件掉落卡在下导轮孔处被割坏。

(4) 选择刀具：钼丝。

(5) 选择切削用量：电规准。

五、加工过程

具体加工过程见表 5-7。

表 5-7　矢量化图形零件的加工过程

序号	示　意　图	说　明
1	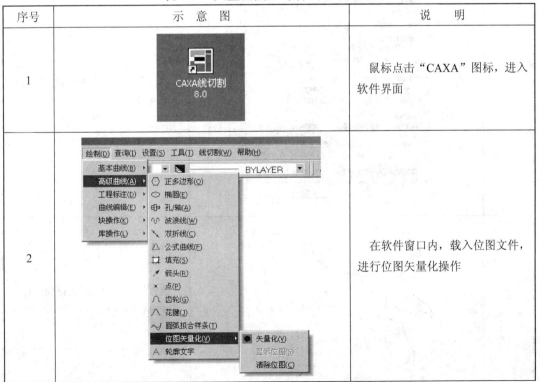	鼠标点击"CAXA"图标，进入软件界面
2		在软件窗口内，载入位图文件，进行位图矢量化操作

续表一

序号	示 意 图	说 明
3		选择矢量化图形文件
4		矢量化完成后的图形
5		轨迹生成，给出参数表，填写相关的参数
6		选择切割方向，即选择顺时针还是逆时针

序号	示　意　图	说　明
7		选择切割外形还是内孔，这里选择切割外形
8		生成轨迹图形
9	小红点	轨迹仿真。可静态仿真(图形上一组数字，数字的大小代表切割的方向)，也可动态仿真(小红点的运动，运动方向为切割方向)

序号	示　意　图	说　　明
10	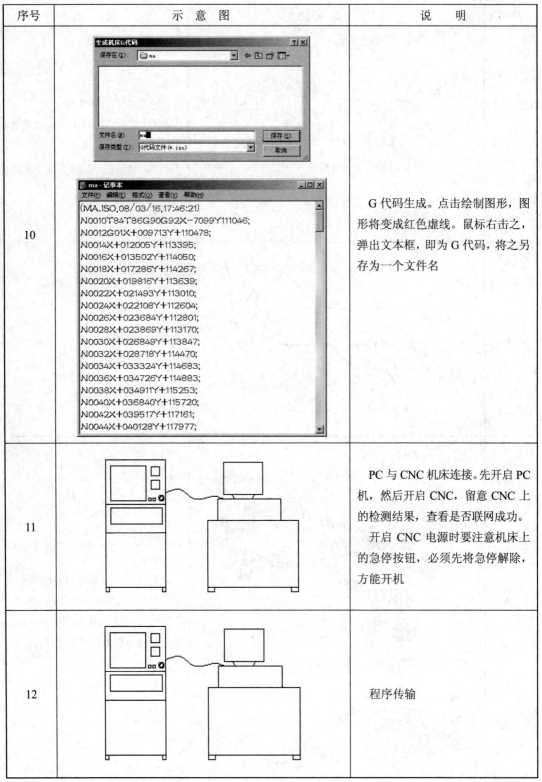	G 代码生成。点击绘制图形，图形将变成红色虚线。鼠标右击之，弹出文本框，即为 G 代码，将之另存为一个文件名
11		PC 与 CNC 机床连接。先开启 PC 机，然后开启 CNC，留意 CNC 上的检测结果，查看是否联网成功。 　开启 CNC 电源时要注意机床上的急停按钮，必须先将急停解除，方能开机
12		程序传输

序号	示　意　图	说　　明
13		机床仿真
14		工件装夹
15		穿丝
16		找中心

续表五

序号	示　意　图	说　　明
17		放电切割
18		C 形钳紧固
19		持续放电，直至加工结束
20		清理现场： ① 取下工件； ② 清理机床工作台表面； ③ 整理工(量)具

六、评分标准

矢量化图形零件加工的评分标准如表 5-8 所示。

表 5-8　矢量化图形零件加工的评分标准

序号	项目与技术要求	配分	评 分 标 准	自评	师评
1	线切割加工软件编程	40	位图矢量化 轨迹生成 轨迹仿真 加工程序生成		
2	工件毛坯装夹	10	工件毛坯装夹牢固，不得松动、歪斜		
3	钼丝找正	20	校准器找正 火花放电对边找正		
4	线切割加工	20	密切注意加工异常情况，及时处理		
5	清理现场	10	清洁加工现场		
6	合　　计	100	总　　分		

5.2.5　锥度零件的电火花线切割加工工艺

一、项目任务书

(1) 根据图纸要求，锐边倒钝，如图 5-5 所示。查阅相关资料，对锥度零件的电火花线切割加工工艺进行分析。

(2) 在 CAXA 线切割软件上进行图形绘制、轨迹生成、轨迹仿真和 G 代码生成操作。

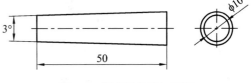

图 5-5　锥度零件的加工图

(3) 在线切割机床上，完成 G 代码传输、机床仿真和线切割加工。

二、加工工艺分析

锥度零件的切割与机床的结构有关，机床上的丝架大多做成 C 形结构(或称为音叉式结构)，由一根立柱和两个水平方向上的丝架组合而成。通常下丝架被固定不动，而上丝架是可以活动的，设置了 U 轴和 V 轴，两个轴与下丝架构成的角度最大为 3°。目前，有大锥度的切割，切割的角度达到 60°，此时丝架和立柱都是活动部件，随着角度移动。

锥度零件的编程是有方向性的，编程面选择在上底面或是下底面，锥度的角度将会不同。另外，还必须了解机床的 3 个高度值：一个是上、下丝架之间的中心距；一个是工件编程平面到下导轮中心的高度值；一个是工件编程面到参考平面之间的高度，也就是工件的厚度值。若编程面为下表面，参考平面为上表面，则该值为正的；反之则为负值。

置于机床上的操作工艺与之前的几个项目一样，这里不再赘述。

三、加工设备选择

(1) 工件：板材。

(2) 计算机：装有 CAXA 线切割软件及与机床通信的软件协议。

(3) 线切割加工机床。

四、加工工艺制定

(1) 选择加工方法：锥度零件的电火花线切割加工。

(2) 确定加工顺序：首先在计算机上运行 CAXA 软件，完成锥度零件图形绘制、轨迹生成、轨迹仿真和 G 代码生成；然后将计算机与机床通过网线连接，将 G 代码传输到机床的内存中；最后在机床上完成锥度零件的加工。

(3) 确定装夹方案和选择夹具：工件的装夹采用压板和压板螺钉，待切割大半的时候，暂停机床，用 C 形钳夹紧工件，防止切割完成时的工件掉落将钼丝碰断或是工件掉落卡在下导轮孔处被割坏。

(4) 选择刀具：钼丝。

(5) 选择切削用量：电规准。

五、加工过程

具体加工过程见表 5-9。

表 5-9　锥度零件的加工过程

序号	示　意　图	说　明
1		鼠标点击"CAXA"图标，进入软件界面
2		在软件窗口内，绘制锥度零件图形文件
3		轨迹生成，给出参数表，填写相关的参数，在参数表中填写切割度数值，最大角度为 3°

序号	示　意　图	说　明
4		选择切割方向，即选择顺时针还是逆时针
5		选择切割外形还是内孔，这里选择切割外形
6		生成轨迹图形
7		轨迹仿真。可静态仿真(图形上一组数字，数字的大小代表切割的方向)，也可动态仿真(小红点的运动，运动方向为切割方向)

续表二

序号	示　意　图	说　明
8	 (ZD.ISO,08/03/16,17:24:44) N0010T84T86G90G92X-6858Y10; N0012G01X-005979Y+000009; N0014G28A3000; N0016G01X-005100Y+000008; N0018G02X+005100Y+000001I+005100J-000008; N0020G02X-005100Y+000081I-005100J+000000; N0022G27; N0024G01X-005979Y+000009; N0026X-006858Y+000011; N0028T85T87M02;	G 代码生成。点击绘制图形，图形将变成红色虚线。鼠标右击之，弹出文本框，即为 G 代码，将之另存为一个文件名
9		PC 与 CNC 机床连接。先开启 PC 机，然后开启 CNC，留意 CNC 上的检测结果，查看是否联网成功。 　开启 CNC 电源时要注意机床上的急停按钮，必须先将急停解除，方能开机
10		程序传输
11		机床仿真

序号	示 意 图	说 明
12	钼丝 校准器	钼丝找正
13		工件装夹
14		穿丝
15		自动找中心

序号	示 意 图	说 明
16		放电切割
17		C形钳紧固
18		持续放电，直至加工结束
19		清理现场： ① 取下工件； ② 清理机床工作台表面； ③ 整理工(量)具

六、评分标准

锥度零件加工的评分标准如表 5-10 所示。

表 5-10　锥度零件加工的评分标准

序号	项目与技术要求	配分	评 分 标 准	自我评价	教师评价
1	线切割加工软件编程	40	锥度零件图形绘制 轨迹生成 轨迹仿真 加工程序生成		
2	工件毛坯装夹	10	工件毛坯装夹牢固，不得松动、歪斜		
3	钼丝找正	20	校准器找正 火花放电对边找正		
4	线切割加工	20	密切注意加工异常情况，及时处理		
5	清理现场	10	清洁加工现场		
6	合　　　计	100	总　　　分		

5.2.6　"蝴蝶"组件的电火花线切割加工工艺

一、项目任务书

(1) 根据图纸要求，锐边倒钝，如图 5-6 所示。查阅相关资料，对"蝴蝶"组件的电火花线切割加工工艺进行分析。

(2) 在 CAXA 线切割软件上进行图形绘制、轨迹生成、轨迹仿真和 G 代码生成操作。

(3) 在线切割机床上，完成 G 代码传输、机床仿真和线切割加工。

(4) 将切割后的"蝴蝶"零件进行组装，成为"蝴蝶"组件。

图 5-6　"蝴蝶"组件的加工图

二、加工工艺分析

使用线切割加工出每个零件，然后按配合要求进行组装，成为"蝴蝶"组件。

每个"蝴蝶"零件的加工均为外形轮廓切割加工，不同的是有配合关系的切口，需要考虑配合公差。应合理控制补偿量，补偿量的大小应为钼丝的半径与放电间隙之和，比如钼丝的直径为 0.18 mm，放电间隙为 0.01 mm，则补偿量为 0.1 mm。

每个"蝴蝶"零件都采用三维软件进行建模、组装；然后将每个零件保存为 DXF 格式，导入到 CAXA 中，进行轨迹生成、轨迹仿真和 G 代码生成；最后将生成的 G 代码文件通过网线传输到机床的控制系统中，在机床上就可完成每个零件的加工。

置于机床上的操作工艺与之前的几个项目一样，这里不再赘述。

三、加工设备选择

(1) 工件：板材。

(2) 计算机：装有 CAXA 线切割软件及与机床通信的软件协议。

(3) 线切割加工机床。

四、加工工艺制定

(1) 选择加工方法："蝴蝶"零件的电火花线切割加工。

(2) 确定加工顺序：首先将"蝴蝶"零件的 DXF 文件导入 CAXA 软件，完成轨迹生成、轨迹仿真和 G 代码生成；然后将计算机与机床通过网线连接，将 G 代码传输到机床的内存中；最后在机床上完成"蝴蝶"零件的加工。

(3) 确定装夹方案和选择夹具：工件的装夹采用压板和压板螺钉，待切割大半的时候，暂停机床，用 C 形钳夹紧工件，防止切割完成时的工件掉落将钼丝碰断或是工件掉落卡在下导轮孔处被割坏。

(4) 选择刀具：钼丝。

(5) 选择切削用量：电规准。

五、加工过程

具体加工过程见表 5-11。

表 5-11　"蝴蝶"组件的加工过程

序号	示 意 图	说 明
1		利用三维软件绘制"蝴蝶"零件，此图为其中的一片
2		利用三维软件组装"蝴蝶"模型

续表一

序号	示 意 图	说 明
3		利用三维软件绘制"蝴蝶"爆炸图,可见"蝴蝶"由多片组装而成
4		将"蝴蝶"的三维模型转换成CAXA可识读的二维DXF格式的文件
5		鼠标点击"CAXA"图标,进入软件界面
6		在软件窗口内,将"蝴蝶"零件的DXF格式文件导入
7		轨迹生成,给出参数表,填写相关的参数

续表二

序号	示 意 图	说 明
8		轨迹生成
9		轨迹跳步
10	 小红点	轨迹仿真。可静态仿真(图形上一组数字,数字的大小代表切割的方向),也可动态仿真(小红点的运动,运动方向为切割方向)
11		G 代码生成。点击绘制图形,图形将变成红色虚线。鼠标右击之,弹出文本框,即为 G 代码,将之另存为一个文件名

续表三

序号	示　意　图	说　明
12		PC 与 CNC 机床连接。先开启 PC 机，然后开启 CNC，留意 CNC 上的检测结果，查看是否联网成功。 开启 CNC 电源时要注意机床上的急停按钮，必须先将急停解除，方能开机
13		程序传输
14		机床仿真
15	钼丝　　校准器	钼丝找正，校准垂直
16		工件装夹。压板及压板螺钉固定，工件上有数个穿丝孔，穿丝后放电切割

序号	示　意　图	说　明
17		放电切割。切割一个分图形后，再拆丝、穿丝，切割第二个分图形。依次类推
18		C 形钳紧固。在切割每个分图形结束前都必须使机床做短暂的暂停，以便 C 形钳紧固，确保切割部分不掉落
19		持续放电，直至加工结束
20		清理现场： ① 取下工件； ② 清理机床工作台表面； ③ 整理工(量)具

续表五

序号	示　意　图	说　明
21		将加工的多片"蝴蝶"零件进行修配
22		组装成"蝴蝶"

六、评分标准

"蝴蝶"组件加工的评分标准如表 5-12 所示。

表 5-12　"蝴蝶"组件加工的评分标准

序号	项目与技术要求	配分	评　分　标　准	自评	师评
1	线切割加工软件编程	30	零件图形 DXF 文件导入 轨迹生成 轨迹仿真 加工程序生成		
2	工件毛坯装夹	10	工件毛坯装夹牢固,不得松动、歪斜		
3	钼丝找正	20	校准器找正 火花放电对边找正		
4	线切割加工	20	密切注意加工异常情况,及时处理		
5	装配	10	对切割下的零件进行修配		
6	清理现场	10	清洁加工现场		
7	合　　计	100	总　分		

参 考 文 献

[1]　段小旭. 数控加工工艺方案设计与实施. 沈阳：辽宁科学技术出版社，2008.

[2]　陈小怡. 数控加工工艺与编程. 北京：清华大学出版社，2009.

[3]　李超. 数控加工实例. 沈阳：辽宁科学技术出版社，2005.

[4]　沈建峰，朱勤惠. 数控加工生产实例. 北京：化学工业出版社，2007.

[5]　雷保珍. 数控加工工艺与编程. 北京：中国林业出版社，2006.

[6]　赵长旭. 数控加工工艺. 西安：西安电子科技大学出版社，2006.

[7]　徐宏海. 数控加工工艺. 北京：化学工业出版社，2004.

[8]　张明建，杨世成. 数控加工工艺规划. 北京：清华大学出版社，2009.

[9]　金晶. 数控铣床加工工艺与编程操作. 北京：机械工业出版社，2006.

[10]　陈华，林若森. 零件数控铣削加工. 北京：北京理工大学出版社，2014.

[11]　付晋. 数控铣床加工工艺与编程. 北京：机械工业出版社，2009.

[12]　王军. 零件的数控铣削加工. 北京：电子工业出版社，2011.

[13]　叶海见. 华中数控系统典型零件数控加工案例集. 北京：机械工业出版社，2012.

[14]　金双河，郝杰，王军. 数控铣削一体化教程. 北京：中国农业大学出版社，2014.

[15]　杨伟群. 数控工艺培训教程·数控铣部分. 北京：清华大学出版社，2006.

[16]　余英良. 数控工艺与编程技术. 北京：化学工业出版社，2007.

[17]　周虹. 数控加工工艺与编程. 北京：人民邮电出版社，2004.

[18]　华茂发. 数控机床加工工艺. 北京：机械工业出版社，2000.

[19]　金福吉. 数控大赛试题·答案·点评. 北京：机械工业出版社，2006.

[20]　高琪. 金工实习核心能力训练项目集. 北京：机械工业出版社，2012.

[21]　周晓宏. 数控加工工艺. 北京：机械工业出版社，2010.

[22]　高杉. 数控加工工艺. 北京：清华大学出版社，2011.

[23]　杨晓平. 数控加工工艺. 北京：北京理工大学出版社，2009.

[24]　施晓芳. 数控加工工艺. 北京：电子工业出版社，2011.

[25]　王丽洁. 数控加工工艺与装备. 北京：清华大学出版社，2006.

[26]　刘晋春. 特种加工. 4 版. 北京：机械工业出版社，2003.

[27]　罗学科. 数控电加工机床. 北京：化学工业出版社，2003.

[28]　单岩. 数控电火花加工. 北京：机械工业出版社，2003.

[29]　吕创新. 模具制造技能训练. 北京：新世纪出版社，2005.

[30]　单岩. 数控线切割加工. 北京：机械工业出版社，2004.

[31]　董丽华. 数控电火花加工实用技术. 北京：电子工业出版社，2005.

[32]　刘铁. 数控加工职业资格认证强化实训. 北京：高等教育出版社，2004.

[33]　丁晖. 电火花加工技术. 北京：机械工业出版社，2016.